创意创新实践

——电子设计与实例制作

隋金雪

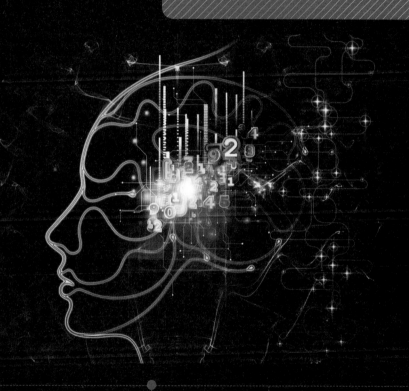

高等教育出版社·北京

内容简介

　　本书从创意启发、如何形成好的创意开始，制作日常生活中的电子设计应用实例，如 LED 创意光束、温馨的床、魔法钢琴、智能盆栽、多功能风扇、智能停车场、声光控灯、多功能水培箱、家庭安全助手、智能温室等 10 余个项目，每个项目按创意设计、电路实现、编程及软硬件调试、外形制作等来介绍。充分调动学习者的兴趣，让学生主动动手制作、自主完成，在实践中学习掌握电子设计及单片机 Arduino 硬件电路原理、软件编程方法。书中配套 31 个微视频，可以帮助学习者更好地理解知识点及动手制作。

　　本书适用于对电子设计感兴趣的初学者。

图书在版编目（ＣＩＰ）数据

　　创意创新实践：电子设计与实例制作 / 隋金雪主编
. -- 北京：高等教育出版社，2020.10
　　ISBN 978-7-04-055079-5

　　Ⅰ．①创… Ⅱ．①隋… Ⅲ．①电子电路 - 电路设计 -
高等学校 - 教材 Ⅳ．①TN702

　　中国版本图书馆CIP数据核字(2020)第188283号

策划编辑　韩　颖	责任编辑　韩　颖	封面设计　赵　阳	版式设计　张　杰
插图绘制　于　博	责任校对　刘　莉	责任印制　赵义民	

出版发行	高等教育出版社	网　　址	http://www.hep.edu.cn
社　　址	北京市西城区德外大街 4 号		http://www.hep.com.cn
邮政编码	100120	网上订购	http://www.hepmall.com.cn
印　　刷	北京盛通印刷股份有限公司		http://www.hepmall.com
开　　本	787 mm×1092 mm　1/16		http://www.hepmall.cn
印　　张	22.5		
字　　数	470 千字	版　　次	2020 年 10 月第 1 版
购书热线	010-58581118	印　　次	2020 年 10 月第 1 次印刷
咨询电话	400-810-0598	定　　价	69.00 元

前言

　　我们正处于一个不断变革创新的时代。创新是力量之源,是发展之基。当一个想法具备新颖性,那么它只是一个创意,而当创意具备了实用性,那么它就会成为一项创新。创意富有想象力,充满乐趣,而创新则要把创意付诸实践,创造出有形的产品和设计来。

　　创意创新实践就是让我们通过创意的启发和引导,动起手来,实现你的想法。如果你想做出好玩有趣、实用智能的电子设计作品来,那么请走进我们的课堂,开动脑筋,启发思维,从最基本的电子元器件到各种传感器;从图形化编程到 C 语言程序设计;从 Arduino 到单片机及嵌入式控制,我们将把知识融入到创意创新的电子设计与实例中,理论联系实践,学以致用,在实践中体验创意创新的芬芳。

　　创意创新实践是一门以电子设计制作为主的实践能力提升课程。基于项目式学习,包括创意启发、项目构建、软件编程、硬件设计以及综合制作等环节,由浅入深地锻炼学生自主学习与探究实践的能力。课程旨在打破传统教学模式,通过设计丰富多彩的项目案例,结合线上线下学习,发挥学生的主观能动性去实践探索。

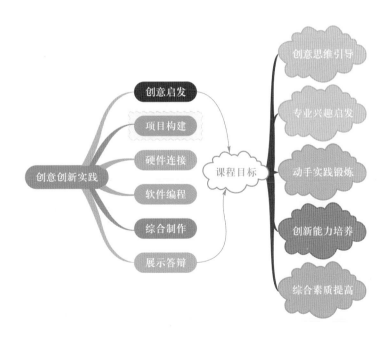

创意创新实践课程群主要分为四部分，创意创新实践－Arduino 与 STC8 单片机、MCS51 单片机与 STM32 嵌入式系统、嵌入式与智能车设计、ROS 应用与机器人等系列课程。本教材为第一阶段，面向未接触过电子设计的大学生或者电子创客爱好者，主要以 Arduino 课程为主，并兼顾单片机的扩展应用，课程构建主要面向大学一年级学生，在零专业知识的基础上逐步实现创新思维引导、专业兴趣启发和实践能力锻炼的课程目标，并扩展 C 语言编程和单片机控制的学习。如图所示，课程分别对应从低年级到高年级，循序渐进，依次提高。

本阶段课程共设计了 15 个创意创新电子设计项目案例，主要基于 Arduino 设计炫彩灯光、音乐盒、智能台灯、温馨的床、百叶窗、家庭安全助手、互动钢琴、智能温室等项目，基本涵盖了电子设计的常用知识点和传感器应用，同时兼顾单片机和 C 语言编程。项目内容贴近生活、设计新颖，由易到难，由简入繁，合理构建学生的知识体系，充分调动学生的积极性。课程慕课已经在高等教育出版社数字课程、中国大学慕课和智慧树等平台同步上线。课程采用项目式驱动教学，融合线上线下、课上课下等环节，把专业知识学习融入到电子电路、物联网、智能车、机器人等设计与应用中，使学生在实践中形成完善的创新能力培养体系，从而达到启发兴趣、动手实践和专业学习的目的。

创意创新实践系列课程是电子信息类专业学生动手锻炼与实践创新的基础课程，也是学生参加学科竞赛的入门课程。2008 年，课程所在的信息与电子工程学院开始构建基于专业社团组织下的学科竞赛体系，创意创新实践系列课程是与之配套的学科竞赛课程群的基础课程和重要组成部分，对于学生参与学科竞赛活动进行实践创新，起到了重要的支撑作用。自建立创意创新实践课程为支撑的学科竞赛体系以来，学生从最初的极少数优秀者(20~30 人)能参加学科竞赛，参与人数不断增加(每年 300~500 人)，受益面逐渐扩大，目前已覆盖超过 75% 的学生，部分专业超过 90%，甚至 100%。通过学科竞赛体系的历练，学生的专业技能、科研能力和创新能力得到了很好的培养,逐步形成了以学科竞赛为平台的应用型创新人才培养体系,最终实现以竞赛促教学、以竞赛促能力的目的。电子信息类专业也逐步形成了四个层次的学科竞赛选拔和培养体系,即四个阶段(院级、校级、省区级、国家级竞赛)、四个层次(基础、专业、综合、创新型竞赛)、四种能力(基本、专业、综合、创新能力)的多层次立体式学科竞赛创新体系。通过组建网络、电子设计、智能控制、物联网、机器人等技术开发团队,指导学生参加全国大学生挑战杯、"互联网+"、智能汽车、电子设计、机器人、物联网等10余类学科竞赛。其中我所指导的深蓝工作室近几年获得省部级奖励近300项,国家级奖励近40项,受益学生近千人。在此感谢一起努力和付出的同学和老师们,尤其是深蓝工作室的王志翔、韩冰、刘海锐、邓鸿宇、田南南等,以及帮助校稿的张岩、高群老师等,是你们的一同努力才有此书的成稿。

课程的项目式创意引导与软硬件设计可以使学习者逐步在动手实践中深入学习电子设计等专业知识,理论联系实际,从而实现专业教育和工程教育的有机结合。项目实践采用的盒装口袋式元器件,用 USB 接口连接即可进行软硬件搭建与编程,结合线上线下与课上课下的教学模式,有利于课余时间不限场地开展实践活动,既拓展了学习时间和空间,丰富了学习途径,又增加了学习兴趣。在此基础上引导同学们参与学科竞赛,提高综合创新能力,从而逐步走上实践创新之路。

让我们赶快动起手来,实现你的想法,创造从现在开始!

隋金雪

2020 年 2 月

目录

1 创意创新导引

1-1 创意创新实践导引

目标

- 了解创造力与想象力
- 创意与创新
- 创客

创造力

　　创造力,是人类特有的一种综合性本领。创造力是指产生新思想、发现和创造新事物的能力。

　　在我们的印象中,可能大多数人都会觉得创造力只是属于艺术家和发明家的天赋,但科学家在研究大脑结构的过程中却发现,其实我们每一个人都有创造力,或者说都能成为有创造力的人。

　　你是否还记得上一次自己具有创造力的表现是在什么时候？面对这个问题,几乎所有的人可能会陷入沉思。但回头想一想,你肯定做过将旧纸箱做成相框,变废为宝;把可乐瓶做成小小艺术品;或是在冰箱食物所剩无几的情况下,用仅有的原料做出一道美味佳肴招待朋友。好像生活中的每一个人都做过类似的事情,其实这些看似平常简单的事情,都说明了你拥有创造力。

　　再比如雨伞,它本身的功能是用来挡风遮雨,但除此之外,它还能有哪些用途呢？我想大多数人第一个跃入脑海的答案是遮阳。但它在本质上和挡雨功能并无不同:雨伞是一件用来遮挡

的物品。要想给出有创造力的回答，就必须跳出这个固有思维，摒弃那些既定想法。杨万里在《舟过安仁》中曾说"一叶渔舟两小童，收篙停棹坐船中。怪生无雨都张伞，不是遮头是使风"，就把伞作为风帆。还有人奇思妙想，在一些特殊情况下，把伞当成篮子和降落伞等，来实现伞的其他功能。

　　其实，创造力就在我们每个人的身边，它并不是达·芬奇或史蒂夫·乔布斯那些创造大咖的专利，所有的人随时随地都拥有着不同程度的创造力。在人类的进化过程中，从未停止过想象和探索，他们不断模仿、修正、进步，打破陈规，组合不同的点子……总而言之，人类一直都在创造，创造着这个世界。而如今，在这个信息全球化和全面数字化的时代，创造力已成为 21 世纪人类社会的核心要素，不断推动着社会的进步和发展。

想象力

　　既然如此，那怎样才能拥有创造力？创造力又如何从大脑中涌现呢？

爱因斯坦说过,在创造力方面,想象力比知识更重要。因为知识是有限的,而想象力是无限的,它概括了世界上的一切,推动着社会进步,是一切知识进化的源泉。 如果把学习比作用砖盖楼,那每一块砖就是知识点,而想象力就是把砖与砖粘合到一起的水泥。越能理解知识之间的逻辑,越能通过想象增加知识的应用。这并不是说知识没有用,很多新发现必须建立在现有知识基础上。但想象力在一定程度能打破既有思想的禁锢,为创造创新打开一扇灵感迸发的窗户。

爱因斯坦之所以能发现相对论,就是因为他始终保持童真的想象力。牛顿之所以能从苹果落地而产生想象直到万有引力这一个科学的重大发现都是因为拥有想象力。

所以在日常生活中,要培养想象力,就需要学会激发求知欲和好奇心,培养敏锐的观察力,特别是创造性想象,以及培养善于进行变革和发现新问题或新关系的能力。

知行合一

想象力主要是指人大脑中产生的想法,而创造力,更多的是需要我们将想法付诸行动和实践的一种具体表现。

美国华盛顿图书馆墙上有一句很有哲理的话:"我听见了就忘记了,我看见了就记住了,我做了就理解了。"这句话,告诉我们这样一个简单的道理——学贵于知之,更贵于行之,即知行合一,重于实践。

面对一件事情或者一个物品,我们经常会有很多奇特的想法,这些奇思妙想就是发明创造的

开始。但是如果没有动手实践,再好的想法也不会转变为一项新的发明或者发现。

不断地实践不仅可以提高我们的动手能力,锻炼我们的思维能力,打好实践的基础;而且可以帮助我们理解和检验自己的想法,让自己的发明创造臻于完美,从而增强创造意识,让灵感和顿悟不断涌现。所以说,实践是发明创造的基础。

如今,一款款现代电子产品和五花八门、令人眼花缭乱的精致玩具扑面而来。但成熟的产品和玩具带给我们的只是一种玩耍的陪伴,很难体会到自己探索的快乐。

只有当我们动起手来,尊重每个人的兴趣爱好,发挥想象力,设计并制作属于自己的作品,才能真正锻炼我们的创造力,并且

体会到探索的快乐。

当今社会,创新就是竞争力,在大学教育普及的环境下,拥有创造力的年轻人最容易脱颖而出,只要我们掌握方法,经过不断地练习与实践,相信你也能拥有与众不同的思维方式。

那就让我们动起手来,实现你的想法,进入到电子设计与制作的创意创新实践之旅吧!

什么是创意

创意是什么? 创意是创造意识或创新意识的简称。它是指对现实存在事物的理解以及认知所衍生出的一种新的抽象思维和行为潜能。

创,即创新、创作、创造。意,即意识、观念、智慧和思维。创意起源于人类的创造力、技能和才华,创意来源于社会又指导着社会发展。

创意是传统的叛逆,是打破常规的哲学,是破旧立新的创造与毁灭的循环,是思维碰撞,智慧对接,是具有新颖性和创造性的想法。

创意是一种突破,其来源于直觉和灵感。

很多从事计算机相关行业的人肯定知道阿里云。阿里云

| 2009-2016 | 2016-2019 | 2019.3-? |

的新 LOGO 是就从计算出发,其方括号"[ ]"是来自代码中最常用的符号,代表计算;中间的"-"代表流动的数据,作为现代社会基础设施的计算和数据,随时随地在运行。我们可以看到,经过从 2009 年到 2019 年十年的发展,其 LOGO 不仅是一种创意上的突破,更是其云技术创新发展历程的具体体现。

苹果标志最初的含义是牛顿坐在苹果树下看书的钢笔绘画,后来几经演变,有智慧象征、艾伦·图灵、黄金比例的多种解释。不管你的理解如何,不能否认它不仅给了我们美的创意享受,同时还蕴含了苹果电脑富有创新的发展理念。

1977   1998
2001   2007   Today

一个想法具备"新颖性",那么它就是一个创意。一个创意,如果具备"实用性"即产品的可行性,那么它就成为一项创新。

一个简单的挂衣架,通过合理的创意设计,它就可以产生新的作用和用途。

创意是一切创新的基础,没有创意就不会有创新,而创新则是要把创意运用到现实中,创造出有形的设计和产品。创意富有想象力,令人兴奋,充满乐趣,而创新则需要付诸于实践。

什么是创新

创新是什么? 创新是改变。

别人没想到的你想到了,别人没发现的你发现了,别人没做成的你做成了。这就是创新。

李维斯是由犹太商人 Levi Strauss(李维·斯特劳斯)在 1853 年创立的品牌。他早期在美国三藩市以卖帆布维生。后来发觉当地矿工十分需要一种质地坚韧的裤子,于是他把原本用来制作帐幕的粗糙帆布制作了第一条 Levis 牛仔裤,因为牛仔裤的耐用,迅速地获得了采矿工人

的欢迎,从而大获成功。别人没想到的你想到了,别人没发现的你发现了,这就是创新。

创新是创业的灵魂,创业的本质其实也是创新。

1955年,晶体管之父肖克利在硅谷创立了"肖克利实验室股份有限公司",他招募了当时美国东部最优秀的8名年轻科学家:摩尔、罗伯茨、克莱纳、诺伊斯、格里尼克、布兰克、赫尔尼、拉斯特。他们发明了信息时代必需的最基本元器件——晶体管,大家都知道,现在的信息技术实际上就是建立在一枚枚小小的晶体管上的。后来这8个人创办了著名的仙童半导体公司,苹果前CEO乔布斯说了一个非常有名的比喻——"仙童半导体公司就像一个成熟了的蒲公英,你一吹它,这种创新创业精神的种子就随风四处飘扬了。"后来这些人陆续从仙童出走,创建了硅谷半

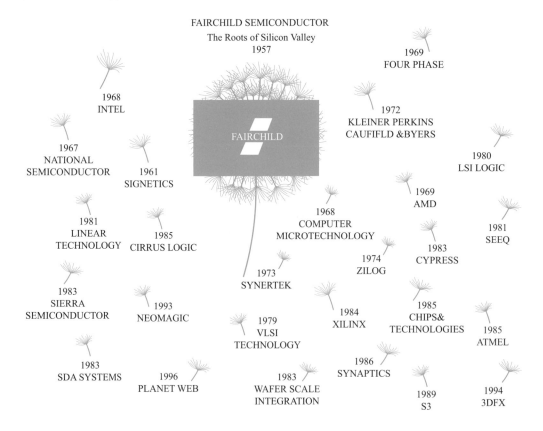

数以上的半导体公司,其中包括当今大名鼎鼎的 Intel,AMD 等。

我们正处于一个不断变革创新的时代。创新是力量之源,是发展之基,它推动了社会的发展和进步。我们身处在这个创新大潮的信息时代,每个人都需要注重培养自己的创造力,经过不懈的努力与实践,让自己成为既有创意,又能创新的时代缔造者。

创客

"创客"一词现在十分流行,其来源于英文单词"hacker"。它并非指电脑领域的黑客,而是指出于兴趣与爱好,努力把想法转变为现实的一群人,他们喜欢并享受创新,追求自身创意的实现。

大家都十分熟悉的比尔·盖茨和乔布斯就是创客中的大咖,我们用的个人电脑、各种软件以及智能手机,都是因为他们的创新而制造出来的。我们的生活因为他们的创新产生了翻天覆地的变化,他们拥有改变世界的力量。

今天,乔布斯之后美国科技创新界最有名的应属钢铁侠埃隆·马斯克(Elon Musk)了,他创建了网络支付 Paypal,像我们经常用的支付宝和微信支付就是模仿 Paypal 研发的;其次,他创建了电动汽车商业化最成功的公司 TESLA,还有著名探索太空的私人公司 SpaceX。他的目标是征服太空,成为一个死在火星上的人。

敢想敢干,拥有创意创新的想法,敢于去实践是埃隆·马斯克独特的魅力。他在宾夕法尼亚大学的室友 Adeo Ressi 说:"只要他看好的,他会一直努力去实践,直到达到目标。"可见,拥有创新意识、敢于实践才能真正引领行业的发展。

很显然,对于我们来说,首先就是要有一个创意创新的想法,然后再去实践。如何才能更好地激发出创新的想法呢?头脑风暴不失为一个好的选择。

1-2 头脑风暴

视频 1.2 头脑风暴

■ 认识头脑风暴
■ 棉花糖游戏

认识头脑风暴

头脑风暴法（Brain-storming）又称脑力激荡法、智力激励法、BS 法、自由思考法，是由美国创造学家 A·F·奥斯本于 1939 年首次提出、1953 年正式发表的一种激发性思维的方法，目的是通过找到新的和异想天开的方法来解决问题。

什么是头脑风暴

古希腊思想家苏格拉底非常重视集体对话的作用，他经常通过集体思考来获得自己个人难以接近的思想认识。对话的基本原则是"自由阐述""不争论""不打断"和"仔细倾听"。

诺贝尔文学奖获得者萧伯纳说，倘若你有一个苹果，我也有一个苹果，而我们彼此交换，那么，你和我仍然是只有一个苹果。但是，倘若你有一种思想，我也有一种思想，而我们彼此交流，我们每个人将各有两种思想。而两种思想交融后又会产生新的思想，这就是著名的思想交换学说，即 1+1>2。

俗话说"三个臭皮匠，顶个诸葛亮"。大家在集体讨论时各抒己见，取长补短，互通有无，在比较的基础上扬长避短，有利于形成一个较为完善的方案，更容易形成合力。当一群人围绕一个特定的兴趣主题讨论一些新的想法和观点的时候，就可以更好地激发创新想法，这种情境的做法就叫"头脑风暴"。

头脑风暴是一种通过无限制的自由联想和讨论,以产生新观念或激发创新设想的方法。那么,头脑风暴是如何激发创新思维的呢?

下面我们将来介绍头脑风暴的使用规则,你也行动起来进行一次头脑风暴吧!

头脑风暴使用规则

在以小组为单位进行头脑风暴时,想要组内成员畅所欲言,互相启发和激励,达到较高效率,必须遵循头脑风暴的基本原则:一是自由奔放地思考,即说出能想到的任何主意;二是会后评判,要到评估阶段才能进行评价;三是以量求质,主意越多越好;四是见解无专利,鼓励综合数种见解或在他人见解上继续发挥。

远离"标准答案"

在头脑风暴一开始,对别人提出的任何想法都不能批判、不得阻拦,更不要私下交谈,以免干扰别人思维,即使所有人都认为这是幼稚的或是错误的,甚至是荒诞离奇的设想,也不能予以驳斥;同时也不允许自我批判。在心理上调动每一个参与者的积极性,彻底杜绝出现"扼杀性语句"和"自我扼杀语句"。如"这根本行不通""你这想法太陈旧了""这是不可能的""这不符合某某定律"以及"我提一个不成熟的看法""我有一个不一定行得通的想法"等语句,都禁止在开展头脑风暴的过程中出现。

分组讨论规则

为了提供一个良好的创造性思维环境,应该确定小组成员的最佳人数和会议进行的最佳时间。实践证明,讨论小组以10~15人为宜,讨论时间以20~60min为宜。

头脑风暴讨论小组应由下列人员组成:

★小组讨论的主持者——熟知头脑风暴法操作流程;

★设想产生及分析者——参与讨论的同学;

★记录员——不参与讨论,只负责记录讨论过程中产生的所有设想。

创意分类表

可行无意义	可行有意义
不可行无意义	不可行有意义

在初次讨论之后,需要将讨论出来的想法根据是否可行、是否有意义分成四类,最后将可行有意义的想法提炼出来再次讨论、修改、组合或者延续其中的想法。

棉花糖游戏

为了锻炼大家的想象力,启发创意创新思维,我们首先来做一个好玩的棉花糖游戏,在这个游戏中你会得到一些关于创意创新设计思维的理解。在了解棉花糖游戏之前我们来做一下创意启发,看一看竹子可以用来制作什么。

创意启发

我们常见的竹子可以用来做竹制家居,其实竹子大有可为,能做的东西很多。右图所示的竹制建筑是巴厘岛热带雨林中,人们就地取材,用竹子建造的房子。这些房子既可以作为居住的房子,也可以作为社区的学校。它的造型和设计完全可以适应当地的气候和环境,使人们乐享其中。小小的竹子可以制作出各种各样的创意建筑,它们有一个共同的特点就是通过接点绑定竹子,然后根据合理的力学原理制作出各种我们所需要的奇特结构来。

下面我们要做的棉花糖游戏与竹子建筑的构造方式基本类似,让我们先通过棉花糖游戏来感受一下你的创造力吧!

游戏规则

游戏规则如下:(1)分组:小组的人数根据现场的人数和场地空间来定,人数平均分配,一般每组4人;(2)道具:每组棉花糖一只,棉线一捆,胶带一条,意大利面条20根,剪刀一把;(3)时间:游戏时间可根据实际情况来规定,一般为18分钟;(4)要求:每一组的成员利用上面提供的道具,在规定时间内,搭一座棉花

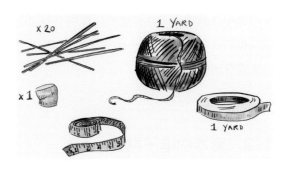

糖塔,棉花糖必须在塔的顶部,完成的小组举手示意,由主持人进行测量,测量的高度为棉花糖到桌面距离,最高的那个小组获胜。

注意:棉花糖不能被破坏,意大利面可以剪断,如果不小心折断了,可以换取新的,但必须拿着全部折断的意大利面来换;不能将塔座粘到桌子上,也不能用绳子从天花板吊下来,然后挂上

棉花糖计算高度。主持人每隔5分钟提醒一次,最后的3分钟每隔1分钟提醒一次。

这个游戏看似简单,但也充满了挑战,其中最吸引人的地方就是打破常规。据统计,在玩这个游戏的人群中,幼儿园的小朋友搭建出来的塔相对较高,他们做出来的形状也最有趣。对于成年人,大家首先讨论,总是有些人希望大家听他的建议,商量计划,设计草图,等到设计好了,时间已经过去了很多。从棉花糖游戏中给我们的5点启示,都能很好地运用其中。先将事情做成,再将事情做好;走向目标的道路有很多条,试着打破常规,目标导向,围绕着核心的目标,在操作中找到解决方案。

头脑风暴练习

熟悉完规则,游戏开始前,和你的小组成员一起进行头脑风暴,主题就是怎样建造塔才能更牢固。

第一步:确定讨论小组成员、主持人、主题;

第二步:依照头脑风暴的各项原则,围绕主题展开讨论,并逐条记录;

第三步:将所有设想归类并去除重复内容,并确保所有人都理解这些设想;

第四步:将这些想法整理成若干方案,并根据可行性、意义性等原则进行筛选,经过反复分析

比较和优中择优,最终获得最佳方案。

大家是不是已经完成了棉花糖游戏? 你们是不是做得热火朝天? 最后大家都搭建了一个塔的形状,相信每一组做出的形状都不一样的,因为每个人的智慧也都不一样的。

你可以总结一下在搭建的过程中有什么注意的。比如,你会体会到三角形比四边形可以让棉花糖塔更牢固,再就是一些连接的方式,如何让连接处更牢固,这些都是我们探索实践的过程,你会慢慢地做得更好。

1-3 奇妙的电子世界

视频 1.3 奇妙
的电子世界

说到电子世界,大家可能都会想到我们玩的电动玩具,使用的家用电器以及各种电子设备,他们都是通过电及各种电子元器件才能实现相应的工作和功能。下面我们来一起观看几个非常有趣的电子作品。

目标

■ 走近电子产品

■ 认识电子制作的基本过程

■ 认识 LED 灯与硬件连接

■ 学会使用面包板完成基本控制任务

走近电子产品

电动玩具、家用电器以及各种电子设备,都是通过电及各种电子元器件才能实现相应的工作和功能,因为早期产品主要以电子管为基础原件,故名电子产品。

电子技术是在 19 世纪末、20 世纪初开始发展起来的新兴技术,最早由美国人莫尔斯 1837 年发明电报开始,1875 年美国人亚历山大贝尔发明电话,1902 年英国物理学家弗莱明发明电子管。

电子产品在 20 世纪发展最迅速,应用最广泛,成为近代科学技术发展的一个重要标志。

　　第一代电子产品以电子管为核心。20 世纪 40 年代末世界上诞生了第一只半导体晶体管,它以小巧、轻便、省电、寿命长等特点,很快地被各国应用起来,在很大范围内取代了电子管。50 年代末期,世界上出现了第一块集成电路,它把许多晶体管等电子元件集成在一块硅芯片上,使电子产品向更小型化发展。集成电路从小规模集成电路迅速发展到大规模集成电路和超大规模集成电路,从而使电子产品向着高效能、低消耗、高精度、高稳定、智能化的方向发展。下面介绍几个非常有趣的电子作品。

　　这个叫"NAO"的机器人功能非常强大,它拥有和人一样的四肢、躯干以及大脑,不仅可以和人一样行走,也可以和我们进行语音对话,还可以踢足球等,它是目前"机器人世界杯"足球赛类人组的指定机器人。随着机器人技术的不断发展,相信在不远的将来,在我们的生活中会出现越来越多的智能机器人,代替和帮助人们完成很多工作。

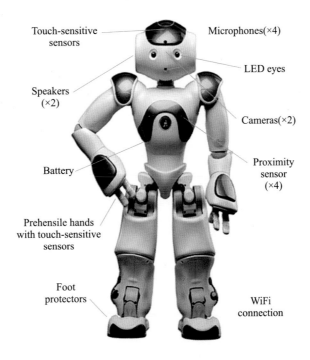

　　四旋翼飞行器也称为四旋翼直升机,是一种有 4 个螺旋桨且螺旋桨呈十字形交叉的飞行器。左图是一台大疆 Inspire 四旋翼无人机,像这种飞行器在生活中已经非常常见,我们会用它来玩耍或者航拍。它不但可以在空中做各种动作,而且还可以实时地把图像传到手机或平板电脑上。四旋翼无人机还可用于运送快递、森林火灾监控、农药喷洒、军事侦察与搜救等。

这些都是电子产品,都是通过电子元器件来制作的,我们是不是想知道它们是怎么做成的呢?

电子设计与制作

以无人机制作为例,如果想完成各种各样的智能控制任务,需要了解很多知识,比如首先要制作无人机的外形;其次,智能控制离不开电路;再就是实现智能控制的算法程序。当然这些程序需要存储到核心控制器中,下面我们就以无人机为例来了解一个完整的电子作品设计过程。

无人机的设计与实现

下图中是无人机的设计模型,左侧是外部结构、右侧是内部电路。

设计电子作品时,不但要考虑内部的功能设计,还要考虑整体的结构特点,这样才能使其更完善。内部功能依赖于电路制作和各种各样的电子元器件,而电子元器件的基地就是面包板,将它们组合起来即变成一个有特定功能的电路。这节我们要用到一个最基本的电子元器件:LED 灯。

核心控制器

电的发现和应用极大地节省了人类的体力劳动和脑力劳动,使人类的力量长上了翅膀,使人类的信息触角不断延伸。运用电,人们创造出了各种各样的机器,让它们帮助人类工作。为了让这些机器更"聪明",人们又为他们设计出了"大脑",这就是核心控制器。

机器通电之后可以运行,那如何让机器自主运行呢?这就需要一个核心控制器充当它的"大脑",控制它的各个部分协调工作。

芯片

控制器可以像大脑一样对各种各样的情况自动进行判断和决策,控制机器的执行机构做出相应的动作,而在创意的制作过程中只要用到运算和处理就必须用到控制器的核心,即微控制芯片。

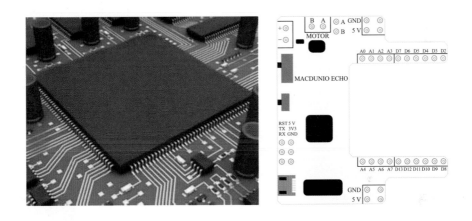

控制电路板上的黑色方块就是芯片,如上图所示中心处的小方块。它会根据控制器连接的各种设备进行分析和处理。但刚生产出来的芯片就像婴儿的大脑,里面空空的,想实现刚才所说的功能,还需要向芯片中加载程序。

程序

相同的信息表达出来可以使用不同的表达方式,而能让机器理解和执行的语言就是程序。人类的语言可以通过文字组合表达出来,而程序需要通过不同的指令组合编写出来。

程序的编写

　　我们先来理解一下指令,上面是两个游戏的界面,左图是《植物大战僵尸》,在这个游戏中想要抵挡僵尸的攻击,就需要点击不同的模块种植物攻打僵尸,实际上每个模块就代表相应的指令,将模块合理地进行组合就能完成游戏任务。

　　右图中的游戏是《我的世界》,若要完成游戏任务,则需要使用各种材料建造不同的小木屋、城堡,甚至城市等,组合材料的过程实际上也是在组合一条一条的指令。

　　编写程序的过程实际上就是这么简单,首先明确自己要解决的问题,是要打败僵尸? 还是建造楼房? 然后把所需指令有机地组合起来,一步一步解决问题。

程序的下载

　　想要程序正确运行,完成想要的功能,还需要将程序下载到芯片中。我们需要准备好一条数据线,将电脑与控制器连接起来。

　　当程序在电脑测试正确之后,就可以通过数据线传输到芯片中运行了。

　　　　　　　　　　　　　　　　　　　　　　　　　1　创意创新导引

LED 灯

　　LED（light emitting diode），发光二极管，是一种能够将电能转化为可见光的固态的半导体器件，它可以直接把电转化为光。LED 的心脏是一个半导体晶片，晶片的一端附在一个支架上，一端是负极，另一端连接电源的正极，整个晶片被环氧树脂封装起来。LED 灯在日常生活中随处可见。下面几幅图你一定不陌生。

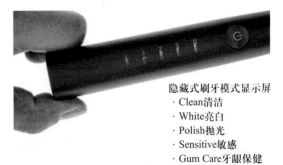

隐藏式刷牙模式显示屏
· Clean清洁
· White亮白
· Polish抛光
· Sensitive敏感
· Gum Care牙龈保健

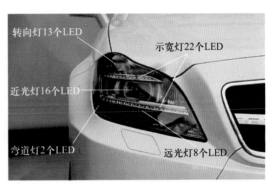

转向灯13个LED
示宽灯22个LED
近光灯16个LED
弯道灯2个LED
远光灯8个LED

　　过马路时看到的红绿灯，家用电器上的指示灯，汽车的车灯以及商场门口的大屏幕，都是LED 灯组成的。现代最新型的照明光源都是采用 LED 灯。

LED 灯的特点

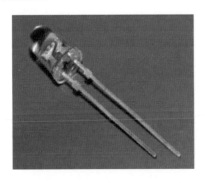

LED 灯由两个灯腿和一个灯罩组成,其中较长的腿是正极,较短的是负极。通电之后 LED 灯会发光。LED 灯可以发出很多种颜色的光。

电子元器件

电子元器件是组成电子产品的基础,了解常用电子元器件的种类、结构、性能并能正确选用是完成智能作品的基础。

常用的电子元器件有:电阻、电容、电感、二极管、三极管、电位器、变压器等。LED 灯也是一种常用的电子元器件。

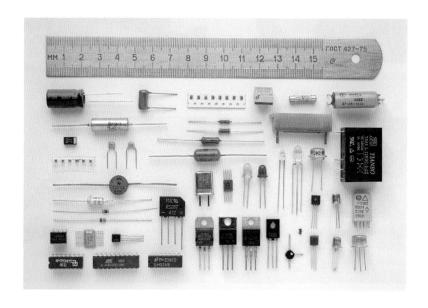

面包板

面包板由于板子上有很多小插孔,很像面包中的小孔,因此得名。它是专为电子电路的无焊接实验设计制造的。由于各种电子元器件可根据需要随意插入或拔出,免去了焊接,节省了电路的组装时间,而且元件可以重复使用,所以非常适合电子电路的组装、调试和训练。

面包板由 3 部分组成——上:电源区,中:元器件区,下:电源区。

1 创意创新导引

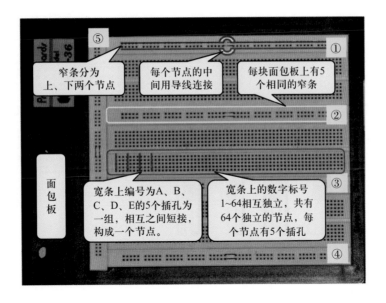

窄条分为
上、下两个节点

每个节点的中
间用导线连接

每块面包板上有5
个相同的窄条

面包板

宽条上编号为A、B、
C、D、E的5个插孔为
一组,相互之间短接,
构成一个节点。

宽条上的数字标号
1~64相互独立,共有
64个独立的节点,每
个节点有5个插孔

实战练习:LED 流水灯

硬件连接示例

通过核心控制器控制——
LED 灯,把其连接到 D13 端口。

核心控制器可以连接各种
各样的器件,如果想控制相应的
器件,就需要知道它连接的端口
号,然后对应端口号编程,则可
实现想要的效果。

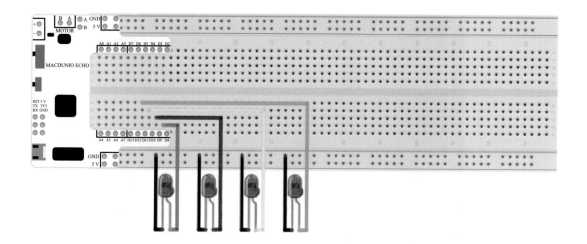

软件编写示例

若实现流水的效果,需要控制每盏 LED 灯依次闪烁。

使用 LED 模块与延时模块可以实现闪烁功能。

LED 模块能够控制灯的开与关,而延时模块能够让系统等待一段时间。时间的单位是 ms,设置延时 50 ms。

每四个模块一组实现一盏灯的闪烁效果,将四盏灯的闪烁组合起来,可实现流水灯效果。

更改延时模块的时间能控制流水灯的流动速度。

1　创意创新导引

设计一个生日彩灯

　　过生日时,我们都喜欢吃蛋糕、吹蜡烛,或者举办一场快乐的生日派对,你是否想到利用今天学习的流水灯的制作方法,设计一个可以变化的彩灯,让生日派对变得更有趣呢?

　　下面就来开动脑筋,把流水灯改造成一个生日彩灯吧! 可以把你的构想画出来。

1-4 炫彩的舞台

视频 1.4 炫彩
的舞台

通过前几节的学习,大家了解了芯片的基本使用方法,并控制 LED 灯完成了不同的任务。随着任务的难度不断加大,需要慢慢熟悉综合任务的制作。综合任务一般包括两部分:外形制作和功能制作。两部分完成后再有机地进行结合,形成一个完美的整体。本节我们要综合设计一个舞台灯光效果。

目标

- 设计舞台灯光
- 认识项目构建过程

光与色彩

通过实现流水灯的效果,我们学会了利用控制器简单地控制 LED 灯。实际上利用光可以做出很多的创意画面。

人的眼睛对色彩十分敏感,当色彩的效果与不同的形状、动作结合到一起的时候,就会让人的感官受到强烈的刺激。

比如,我们经常看到马路两边的树上布置了很多不断变换的彩灯,夜晚让路边变得五彩缤纷,这样的效果就是通过控制不同的 LED 灯实现的。

LED 灯的可操控性很强,可以通过控制光的色彩、时间、强度,制作出丰富多彩的效果,接下来我们就要构建出一个综合的创意 LED 光束。

创意 LED 方案

构建设计方案可以从两个角度去思考,一是设计创意外形,比如上面这几幅图,将灯光与月饼、玫瑰花、书本以及蜡烛相结合,能做出十分奇妙的效果。

舞台效果是由各种各样的光束组合而成的,可以利用 LED 流水灯的效果加以改造,形成独特的舞台效果。

将上节课制作的流水灯增加到 8 个,在面包板每侧安装四盏灯,两侧分别实现流水灯效果,并且流动方向相反,完成这个基本效果后,加入自己的想法,创造出自己的创意舞台光束。

实战练习：创意光束

硬件连接示例

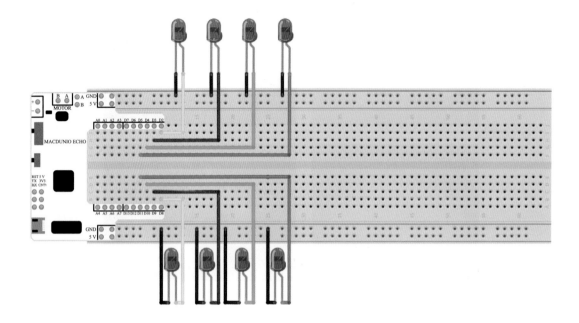

软件编写示例

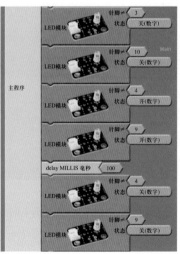

双排 LED 灯分别与控制器的 D2、D3、D4、D5，D8、D9、D10、D11 相连，要想完成灯光的流动方式，需特别注意指令执行的顺序。

例如程序一开始需要控制两侧相反方向的灯亮起，两盏灯的编号确认为 D2 和 D11，控制闪烁一次结束，下一步亮起的灯变为 D3 和 D10。通过这种方式进行分析，确认每一步执行的指令，即可顺利完成任务。

能让创意光束产生聚光效果吗

舞台上之所以能够产生炫彩的效果，除了有不同灯光的变换，还有一个重要的方式就是使用聚光灯。利用聚光灯能产生奇妙的光束效果。

聚光的方法有哪些

光线会在空气中朝各个方向散发，当光线太弱时，在某一个位置就很难接收到充足的光线，为了防止光线散发，一般会使用什么样的方法汇聚光线呢？

接下来我们就来开动脑筋，一起思考一下聚光的好办法吧！

1-5 单片机拓展提升

视频 1.5 炫彩灯
光单片机 C 语言

前述课程通过 Arduino 图形化编程实现了炫彩灯光,本节将在单片机控制和 C 语言编程的基础上实现灯光的控制。

目标

- 单片机控制实现
- C 语言程序实现
- 实现炫彩灯光

单片机使用功能

本次选用单片机型号为 STC8A8K64S4A12,该单片机具有八组 I/O 接口,集成了 ADC、PWM、UART 等功能,接口充足、功能齐全,十分适合进行电子设计与制作。

炫彩灯光作品制作选用元器件有 LED 灯,使用的单片机功能如下:

基本输入输出(IO)功能——LED 灯。

基本输入输出(IO)

基本输入输出(IO)功能是一种通过程序控制单片机引脚输入或输出数字逻辑信号的功能。逻辑电平是指一种可以产生信号的状态,通常由信号与地线之间的电位差来体现。在 STC8A8K64S4A12 中逻辑电平 1 一般为单片机供电电压,逻辑电平 0 为地线电压。

硬件连接

将已搭建好的 Arduino 控制电路替换为单片机控制电路,并把编写好的 C 语言程序烧写至单片机。

连接过程:8 个 LED 灯的正极分别接到单片机的 00、01、02、03、04、05、06、07 引脚,负极接到单片机的负极。

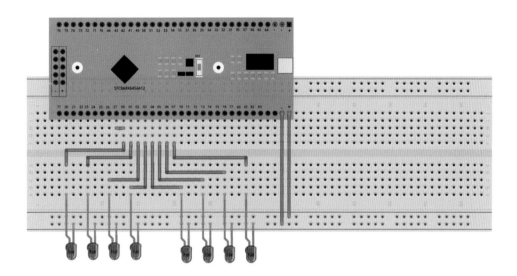

C 语言程序编写

根据系统设计思路,C 语言流程图如下所示:

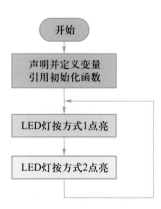

在程序的开始需要考虑变量声明、单片机功能初始化,初始化结束后进入主程序,在主程序中对 LED 灯进行控制,之后程序不断循环。

使用单片机前需要调用控制单片机的一些基础文件,我们已将一些常用功能封装在"userhead.h"头文件下,因此调用头文件功能时只需调用该头文件。

由于头文件内的功能已经满足设计需求,因此编程过程无需初始化。

C 语言程序主体为先定义"main"函数,在"main"函数中添加"while(1)"循环保证程序无限循环执行。执行循环功能使 00~07 端口以 1 s 为间隔执行两种工作方式,在其中间添加"Delayms()"延时函数,该函数有一个传递参数,类型为整型"int",功能为程序停留在此延时函数处所传递参数值对应的 ms 单位时间。至此,程序结束,代码如下:

```c
#include "userhead.h"          // 调用头文件
int main()                     // 主函数
{
    while(1)                   // 无限循环
    {
        P00=0;                 //00~07 端口第一种工作方式
        P01=1;
        P02=1;
        P03=0;
        P04=0;
        P05=1;
        P06=1;
        P07=0;
        Delayms(1000);         // 延时 1000ms(1s)
        P00=1;                 //00~07 端口第二种工作方式
        P01=0;
        P02=0;
        P03=1;
        P04=1;
        P05=0;
        P06=0;
        P07=1;
        Delayms(1000);         // 延时 1000ms(1s)
    }
}
```

基础任务

编写程序,实现炫彩灯光。

拓展任务

1. 修改灯光动作效果。
2. 尝试添加更多的灯。

功能拓展

基于单片机控制的炫彩灯光已经完成,现在尝试对它进行参数调整。

功能拓展可以考虑增加更多的灯,显示时可以有更多选择,也可以让灯具有更多的变化方式,如按照二进制计数方式控制亮灭,或从一端开始亮或灭,蔓延至另一端。

"光是夜晚的建筑师",通过景观照明建设,将艺术、技术与城市环境融为一体,对于展示城市文化、优化城市环境、提升城市形象具有很好的促进作用。柔和的灯光可以让我们的心情变得舒缓,绚丽的灯光也可以调动我们的身体变得兴奋活跃,一个个灯泡点亮了我们的城市,让我们的城市变得更加多彩。

2 完美音乐盒

2-1 思维导图

思维导图是一种有效的思维模式,也是应用于记忆、学习、思考等的思维"地图",它有利于人脑扩散性思维的开展。思维导图已经在全球范围得到广泛应用。世界 500 强企业中的很多企业也在学习和使用思维导图,中国应用思维导图大约也有 20 多年时间。

目标

- 认识大脑
- 了解并掌握思维导图绘制方法
- 使用思维导图

大脑的认识史

脑是中枢神经系统的主要部分,位于颅腔内。低等脊椎动物的脑较简单,人和哺乳动物的脑很发达。

人脑的绝对量大大超过其他高等动物的脑量,黑猩猩的脑量大约 400 g,大猩猩的脑量大约是 540 g,猿人的脑量在 850~1 000 g,现在人的脑量约为 1 500 g。人的脑重约为体重的 1/50,黑猩猩的约为 1/150。人脑是具有高度组织和复杂结构的物质系统。整个人脑的神经细胞多达 1 100 亿个,其中仅大脑皮层的神经细胞就有 150 亿至 300 亿个。

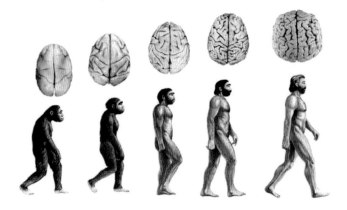

智商

　　智商是人们认识客观事物并运用知识解决实际问题的能力。智力由三种能力组成:短期记忆力、推理能力和语言能力。科学家发现,尽管这三种能力之间存在相互作用,但它们是由大脑中的三个不同神经"回路"所控制。

　　几个世纪以来,科学家一直就一个问题争论不休,"脑容量越大的人是不是智商就更高?"研究人员最新发现,脑容量大小在解释人智商高低问题上作用不大。相反,他们相信大脑的结构或许是解释智商高低的关键所在。

　　天才物理学家爱因斯坦逝世后,科学家发现76岁的他,大脑竟然比男性的平均水平更小,只是他局部的前额叶皮质、体感皮质、运动皮质、顶叶皮质和枕叶等皮质,比同龄男人稍大。也就是说,大脑的内部结构可能才是决定智商的关键,而并非整体脑部尺寸的大小。

思维导图的发展与应用

　　大脑是用来工作、学习的,那如何让大脑工作、学习的处理能力变得更强呢?当然是需要一个好的思维工具，思维导图就是这样一种思维工具，是大脑思维模拟图，是全能多维的信息知识世界模拟图。

什么是思维导图

思维导图是有效的思维模式，应用于记忆、学习、思考等的思维"地图"，有利于人脑的扩散思维展开。

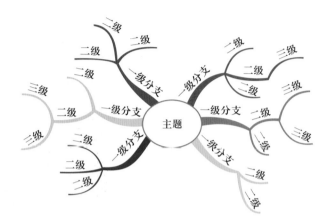

思维导图是一种将放射性思考具体化的方法。放射性思考是人类大脑的自然思考方式，每一种进入大脑的资料，不论是感觉、记忆或是想法——包括文字、数字、符码、香气、食物、线条、颜色、意象、节奏、音符等，都可以成为一个思考中心，并由此中心向外发散出成千上万的关节点，每一个关节点代表与中心主题的一个连结，而每一个连结又可以成为另一个中心主题，再向外发散出成千上万的关节点，呈现出放射性立体结构，而这些关节的连结可以视为你的记忆，也就是你的个人数据库。

思维拓展

　　托尼·布赞，英国著名心理学家、大脑学家、记忆术专家，1942 年生于英国伦敦，英国大脑基金会总裁，世界著名心理学家、教育学家。

　　他曾因帮助查尔斯王子提高记忆力而被誉为英国的"记忆力之父"。他发明的"思维导图"这一简单易学的思维工具正被全世界 2.5 亿人使用。

思维导图的应用

目前很多世界著名的公司都将思维导图作为员工的必修课之一，包括微软、IBM、甲骨文、惠普、波音、通用、3M、强生、汇丰、摩根大通等，这个工具帮助企业大大地提高了工作效率。

上面左图是斯坦利博士和他设计飞机的思维导图合照,右图是波音 747 飞机。

美国波音公司在设计波音 747 飞机的时候使用了思维导图。如果用普通的方法,设计波音 747 这样一个大型的项目要花费 6 年的时间。但是,通过使用思维导图,他们的工程师只使用了 6 个月的时间就完成了波音 747 的设计,并且节省了一千万美元。

国内的应用与前景

在国内,一些学校也正在将思维导图运用到教学过程中,促进教学模式的研究与改革。

比如,对于每个同学的日常学习,可以通过绘制学科思维导图,帮助知识归纳,分析问题,拓展思维,发展系统思考能力等。在这个过程中,知识点由隐到明,由零散到系统,形成清晰的"知识网络"。同时,各种思维能力(概念区分、逻辑关系梳理等)可以得到有效训练,从"根本"上提高了学习力。而且,绘制出来的思维导图笔记还成为一目了然、最节省时间的复习资料,所以思维导图的使用可谓一举多得。

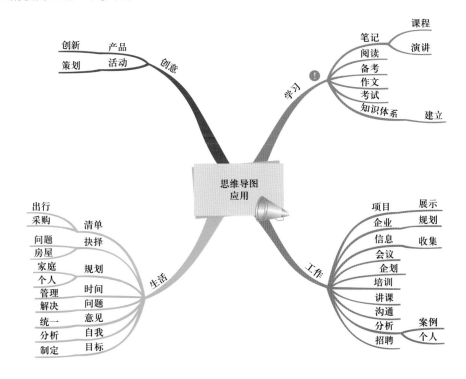

思维导图绘制方法

准备工具

思维导图是一个简单、有效的工具,可以帮助我们进行发散性思考和结构化思考,通过文字、图画、线条、颜色,图文并茂地展示思考内容,帮助分析和记忆等。绘制之前需要准备以下工具:

一张 A4 纸;

一支笔;

几支不同颜色的涂色笔。

绘制导图的具体方法及规则

准备好上述材料,确定好主题,就可以开始绘制了。

步骤 1:写下中心主题——从图开始。

从白纸的中心开始绘制,周围留出空白,会让你大脑的思维能够向任意方向发散出去,以自然的方式自由地表达自己。用一幅图像或图画表达你的中心思想。"一图胜千言",可以充分发挥你的想象力。

步骤 2:扩展层次——延伸分支。

画一些向四周发散出来的分枝,每一条分枝都使用不同的颜色,分枝用曲线而不是直线。思维导图的分支通常是放射式层级的。越重要的内容越靠近中心,由内向外逐渐扩展。

步骤 3:专注关键词——采摘智慧的果实。

每条分枝上写上关键词。关键词写在线条的上面,每条线上使用一个单词或词语,这样可以触发更多的想象和联系。字体字形都可以根据需要多一些变化,这有助于我们按照一定的视觉节奏进行阅读,同时也有助于我们的理解和记忆。

步骤 4:连线——记忆与联想的桥梁。

连接中心图像和主要分枝,然后再连接主要分枝和二级分枝,接着再连二级分枝和三级分枝,依次类推。

步骤 5:增加颜色——增加视觉节奏。

颜色和图像一样能让你的大脑兴奋,能增添思维导图的跳跃感和生命力,为你的创造性思维增添巨大的能量。此外,自由地使用颜色绘画本身也非常有趣!色彩是各种思想最主要的刺激物,尤其是在增加创造力和记忆力方面。

步骤 6:使用箭头和符号。

有些关键词,可以用符号标记。如果记录的信息非常重要,可以用透视法画出类似三维的表现效果,或是使用一些特别的颜色和符号代码等。这样,当我们要回忆时,这些信息就会跃入眼帘。

下面我们以创意音乐盒为主题进行头脑风暴和思维导图绘制。

创意音乐盒

头脑风暴练习

同学们需要根据创意音乐盒来进行头脑风暴练习,这个过程需要人人参与,贡献各种各样的思想,可以有天马行空的想法,也可以有脚踏实地的点子。

创意分类表

然后需要把这些想法写到便签纸上,每个想法写一张,完成以后,需要大家互换想法,把手里的想法按照下面的表格中的可行性与意义性进行分类张贴。

可行无意义	可行有意义
不可行无意义	不可行有意义

最后把最可行最有意义的想法提炼出来,用这些想法来绘制思维导图。

思维导图

2-2 警报信号

上节绘制完成了创意音乐盒的思维导图,音乐盒的功能实现离不开声音的控制,本节通过制作完成报警信号装置,掌握声音的特性以及控制方法。

目标

- 了解声音
- 认识蜂鸣器
- 程序的编写及硬件连接

声音

声音是由物体振动产生的声波。是通过介质传播并能被人或动物听觉器官感知的波动现象。

声音是一种压力波:当演奏乐器、拍打一扇门或者敲击桌面时,它们的振动会引起介质——空气分子有节奏的振动,使周围的空气产生疏密变化,形成疏密相间的纵波,这就产生了声波,这种现象会一直延续到振动消失为止。物体在 1 s 之内振动的次数叫做频率,单位是赫[兹](Hz)。人耳可以听到的声波的频率一般在 20~20 000 Hz 之间。

按频率分类,频率低于 20 Hz 的声波称为次声波;频率在 20 Hz~20 kHz 的声波称为可听波;频率在 20 kHz~1 GHz 的声波称为超声波;频率大于 1 GHz 的声波称为特超声或微波超声。

音爆：物体运行速度接近音速时，会有一股强大的阻力，使物体产生强烈的振荡，速度衰减，这一现象被俗称为音障（sound barrier）。突破音障时，由于物体本身对空气的压缩无法迅速传播，逐渐在物体的迎风面积累而终形成激波面，在激波面上声学能量高度集中。这些能量传到人们耳朵里时，会让人感受到短暂而极其强烈的爆炸声，称为音爆（sonic boom）。

频率

频率是描述周期运动频繁程度的量。声音是机械振动，能够穿越处于各种物态的物质，但是声音不能传播于真空。我们听到的声音是一种有一定频率的声波，声音的频率越高，声音的音调就越高。相反，声音的频率越低，声音的音调就越低。

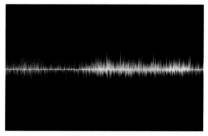

蜂鸣器

蜂鸣器是一种一体化结构的电子讯响器，采用直流电压供电，能发出单调或者某个固定频率的声音，广泛应用于计算机、打印机、复印机、报警器、电子玩具、汽车电子设备、电话机、定时器等电子产品中作发声器件。

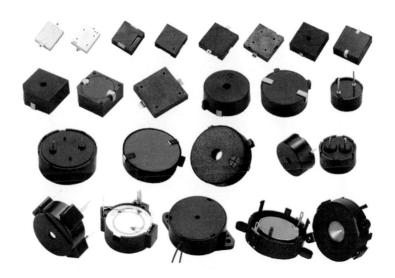

实战练习：警报装置

基础任务

程序控制蜂鸣器发声。

拓展任务

在蜂鸣器旁边安装一个 LED 灯，要求蜂鸣器和灯同时工作。

硬件连接

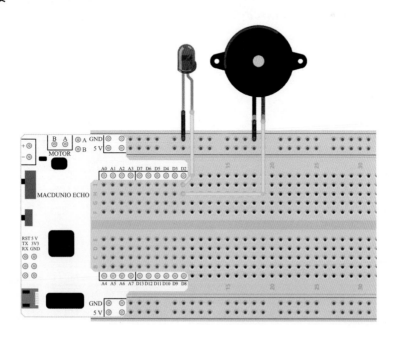

程序示例

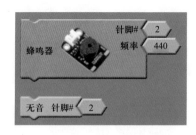

程序块 1 是蜂鸣器发声控制模块,针脚对应蜂鸣器所连接的端口号,程序块 2 是控制蜂鸣器停止的无音模块。

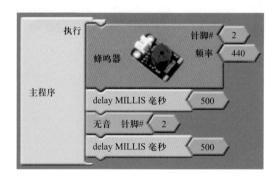

程序作用为蜂鸣器响 500 ms,停止 500 ms,不停地循环执行。

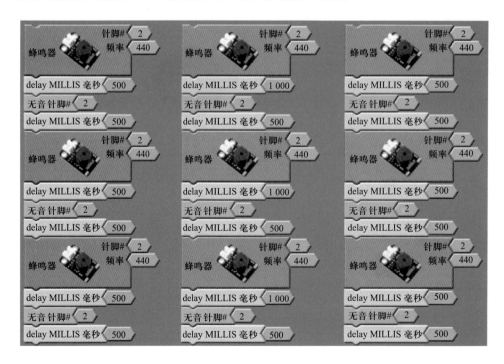

上面的程序块从左到右依次是三个短声,三个长声,再次三个短声。依次连接即可形成摩斯密码。

2-3　小导演

蜂鸣器不仅能实现警报声音,还能实现乐曲的谱写,通过学习音阶对照表,能够让蜂鸣器实现各种音符的发音效果,从而谱写一段美妙的音乐。

利用蜂鸣器和LED灯,便可以制作一个简易的舞台效果,大家也来当一次小导演。

目标

- 简述音乐
- 音阶对照表
- 硬件连接及软件编写

音乐

音乐是指有旋律、节奏或和声的人声或乐器音响等配合所构成的一种艺术。

音乐可以分为声乐和器乐两大类型,又可以分为古典音乐、流行音乐、民族音乐、乡村音乐、原生态音乐等。

在艺术类型中,音乐是比较抽象的艺术,音乐从历史发展上可分为东方音乐和西方音乐。东方以中国为首的中国古代理论基础是五声音阶,即宫、商、角、徵、羽,西方是以七声音阶为主。

音调

声音频率的高低称为音调,是声音的三个主要的主观属性即音量(响度)、音调、音色之一。音调表示人的听觉分辨一个声音的调子高低的程度。音调主要由声音的频率决定,同时也与声音强度有关。对一定强度的纯音,音调随频率的升降而升降。

　　世界著名的音乐家：音乐之父——巴赫、音乐神童——莫扎特、古今乐圣——贝多芬、歌曲之王——舒伯特、音乐神灵——韩德尔、指挥之王——卡拉杨、歌剧之王——威尔第、音乐之王——斯卡拉蒂、小提琴之王——帕格尼尼、进行曲之王——苏萨、流行歌曲之王——福斯特、圆舞曲之父——老约翰·施特劳斯、圆舞曲之王——小约翰·施特劳斯、交响曲之王——海顿、交响乐诗人——柏辽兹、印象派大师——德彪西、轻歌剧之王——奥芬巴赫、管弦乐色彩大师——拉威尔、钢琴诗人——肖邦、钢琴之王——李斯特、舞剧音乐大师——柴科夫斯基。

音阶对照表

　　一首音乐由若干音符组成，每一个音符对应一个频率。把已知音符对应频率通过 Arduino 输出至蜂鸣器，蜂鸣器则会发出相应频率的声音。

　　C 调时音符频率：

音符	低音 /Hz	中音 /Hz	高音 /Hz
1	262	523	1 046
2	294	578	1 173
3	330	659	1 318
4	349	698	1 397
5	392	784	1 568
6	440	880	1 760
7	494	988	1 976

实战练习：小导演

基础任务
蜂鸣器发出 1234567（哆瑞咪发嗦啦西）声音。

拓展任务
蜂鸣器响两个音阶，其中一个 LED 灯闪烁一次，依次排列，响完最后一个音阶时，三个灯同时闪烁一次。

硬件连接

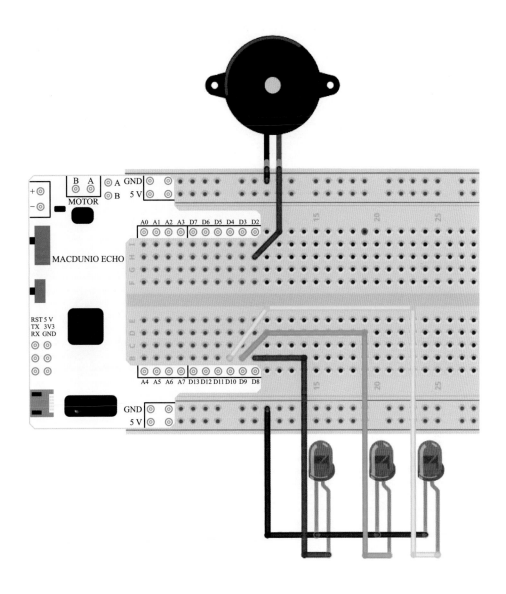

程序示例

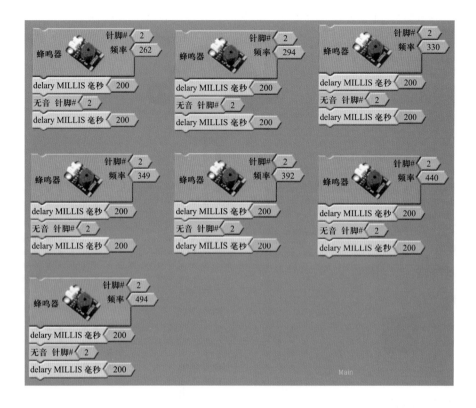

从左到右，从上到下，分别是低音的 1、2、3、4、5、6、7，每个音响 200 ms，停止 200 ms。

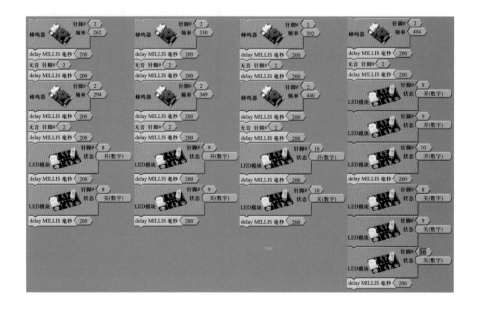

从左到右,分别是蜂鸣器发出 1、2 音,D8 控制的灯闪烁一次;蜂鸣器发出 3、4 音,D9 控制的灯闪烁一次;蜂鸣器发出 5、6 音,D10 控制的灯闪烁一次;蜂鸣器发出 7 音,三个灯同时闪烁一次。

2-4　完美音乐盒

一个完美的音乐盒离不开独特的外形设计,本节我们来学习如何设计一个创意作品的外形。

目标

- 认识外形设计
- 学会利用卡纸制作外形
- 硬件连接及程序编写

外形设计

什么是外形设计

设计是指有目标、有计划地进行技术性的创作与创意活动,同时伴有艺术性的创造。外形设计是指对产品的外观做出的创意构造,主要包含形状、图案、色彩或其相结合的创造。

优秀的外形设计案例

创意船舱设计

纸模作品展示

纸模是一种由纸（通常是厚纸或卡片）制成的模型。它是将平面的纸张根据事先设计好的图纸，通过裁剪制作出零件，然后组装成具有立体效果的一种模型。

折纸步骤

折纸是一种以纸张折成各种不同形状的艺术活动。想要实现一个完美的创意折纸作品，需要准备如下基本材料：多色卡纸、剪刀、美工刀、直尺、双面胶、胶水、多色水彩笔、多彩铅笔等。下面以一个精美盒子为例，给同学们介绍折纸基本的步骤和手法。

1. 准备一张长方形硬卡纸（如下举例的纸张为双色纸，内侧为白色，外侧为蓝色），按如图①所示沿纸张中线向外对折，初学者可选择双色纸，便于练习；

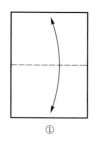
①

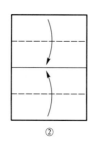
②

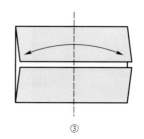
③

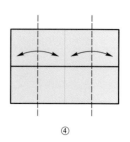
④

2. 按图①对折后的纸,继续按照图②,取对折后的纸的两边中线向里各对折一次;

3. 将对折后的纸沿竖向中线,如图③所示,向外对折;

4. 将对折后的纸展开,第③步的折痕朝向桌面,如图④所示,沿纸张两边中线向外对折;

5. 将对折后的纸展开,找准第④步的折痕,将纸张的四个角分别向里折到刚才的折痕位置,如图⑤所示;

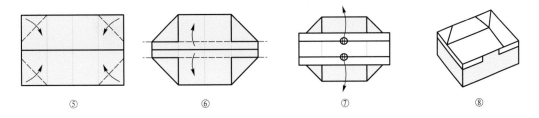

⑤　　　　　⑥　　　　　⑦　　　　　⑧

6. 从纸张的中间折痕位置,将中间的剩余部分向外对折,折痕与第⑤步折四角的位置对齐,如图⑥所示;

7. 以上步骤完成后的效果图如图⑦所示,将此时的纸张立起,形成如图⑧的盒子。至此,一个基本的纸盒就做完了。

如果还想将纸盒进行美化,可选择彩色图案、彩色线条、其他小装饰等修饰。

实战练习:创意船舱

基础任务
用折纸制作属于自己的小船舱。

拓展任务
按照自己的想法构建创意。

外观制作示例
折纸操作

完成小船舱的折叠

准备最基本的制作材料

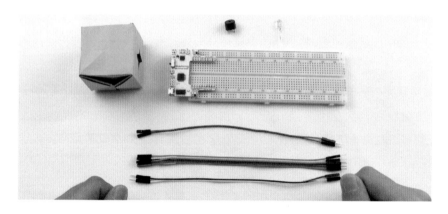

作品组装成形

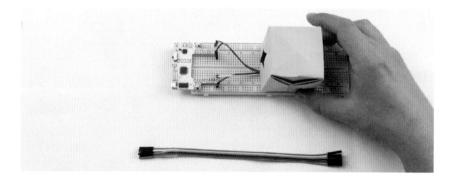

综合创意设计

通过前几节,我们了解了音乐产生的原理,学会了通过程序控制蜂鸣器演奏一首完整乐曲,还制作了音乐盒的外观。

　　一个完整的作品除了对功能和外形进行组合,还要根据综合效果进行调试修改,这样才能形成一个完善的创意作品。综合创意设计,它是由创意与设计两部分构成,是将富于创造性的思想、理念以设计的方式予以延伸、呈现与诠释的过程或结果。创意是生产作品的能力,这些作品既新颖(也就是具有原创性,是不可预期的),又恰当(也就是符合用途,适合目标所给予的限制)。设计是指有目标、有计划地进行技术性的创作与创意活动,同时伴有艺术性的创造。

　　下面请同学们根据自己音乐盒的外形设计,将核心控制器和其他模块合理综合成一个完善作品,尽情发挥自己的创意,做出自己与众不同的音乐盒!

创意产品欣赏

　　这是一个名为 Ruggie 的创意闹钟,可以帮助叫你起床。这款闹钟其实就是一款地毯,在早上叫你起床的时候和其他闹钟一样也会嗡嗡作响,但是如果你想要关掉它你必须站到地毯上才行,而且需要在上面站至少三秒钟的时间它才会停止。这款闹钟提供一个 USB 接口,你可以把喜欢的歌曲传输到地毯里播放,平常的时候,你还可以用脚轻触地毯来查看时间。

2-5　单片机拓展提升

　　前面通过 Arduino 图形化编程实现了炫彩灯光,本节将在单片机控制的基础上通过 C 语言编程实现灯光的控制。

目标

- 单片机控制实现
- C 语言程序实现
- 实现完美音乐盒

单片机使用功能

本次使用的单片机型号为 STC8A8K64S4A12,通过集成在内部的定时 / 计数器,我们可以获得一个一定范围内任意频率信号的方波信号,从而驱动蜂鸣器。当然,方波信号也可以通过主程序计数或者中断计数方式产生。本次炫彩灯光作品制作选用元器件有 LED 灯以及蜂鸣器,使用的单片机功能如下:

PWM(脉冲宽度调制)功能——蜂鸣器、LED 灯。

通过方波的频率控制蜂鸣器发音,从而发出不同的声音,同时 LED 灯随之亮灭。

硬件连接

搭建好单片机控制的电路,这里我们仅连接一只蜂鸣器与一只 LED 灯。

连接过程:将蜂鸣器的正极与 LED 灯的正极连接到单片机的 10 引脚,负极连接到面包板的地线上。要注意图中的线路交叉并非是连接在一起。

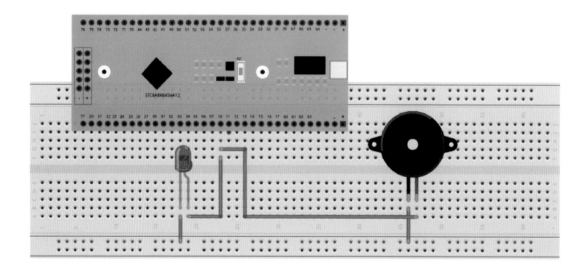

C 语言程序编写

根据系统设计思路,C 语言流程图如下:

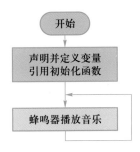

在程序的开始需要考虑变量的声明（声音频率的声明）、单片机功能的初始化,初始化结束后进入主程序。在主程序中对蜂鸣器灯进行控制,之后程序不断循环。

与上一章的流水灯一致,我们只需调用"userhead.h"文件,即可满足本次设计的需要。产生方波的 PWM 模块需要通过调用"PWM_Init"函数来实现初始化。在主程序的主循环"while(1)"中,我们要执行的功能是让 10 引脚不断输出声音频率的方波信号。要注意的是在输出方波信号的同时,我们需要通过调用"Delayms( )"函数来延迟控制声音发出的时间与声音间断的时间。代码如下:

```
#include "userhead.h"          // 调用头文件
int main( )                    // 主函数
{
  setclock(0);                 // 单片机设置时钟,必须执行
  PWM_Init(4096,0,0x0f);       // 初始化 PWM
  while(1)                     // 无限循环
  {
    PWM_set(10,127);
      /* 通过设置函数参数中的第一个变量来设置方波的频率,从而让蜂鸣器发出不同
      频率的声音 */
    PWM_start( );              // 启动 PWM
    Delayms(500);             // 维持 500ms
    PWM_stop( );              // 停止 PWM 输出并令输出为 0
    P10=0;
    Delayms(200);             // 维持 200ms
  }
}
```

基础任务

编写程序,让蜂鸣器发出不同的声音。

拓展任务

1. 试通过修改程序让蜂鸣器播放一段旋律。
2. 炫彩的灯光效果。

功能拓展

基于单片机控制的完美音乐盒已经完成,现在尝试对它进行参数调整。

添加自己喜欢的音乐,并设计相应的灯光效果,打造属于你自己的个性舞台。

3 智能台灯

3-1 创意项目管理

传统的课堂学习保持着固定的模式:学生面对黑板,听老师讲课,记笔记,回家完成作业,背诵足够多的知识来考试。

项目式学习是在老师的指导下,将一个相对独立的项目自己处理,如信息的收集、方案的设计、项目的实施及最终评价等,通过项目过程驱动创新式学习。

目标

- 了解项目管理的概念
- 学会使用项目构建的方法

认识项目管理

当项目制作变得越来越复杂时,需要通过学习项目管理来控制好项目的制作进展。

明确目标

在制作创意 LED 光束或音乐盒时，首先使用头脑风暴进行思维碰撞，产生好的想法。这是项目管理中十分重要的一部分，制定方案。通过头脑风暴要明确两个非常重要的问题，第一是要做什么，第二是能不能做到。

设计作品时首先要考虑到功能的实际意义，比如闹钟的功能是提醒人们起床，手机的功能是远程交流。项目有意义才能吸引人们使用，所以作品设计首先要明确主题。

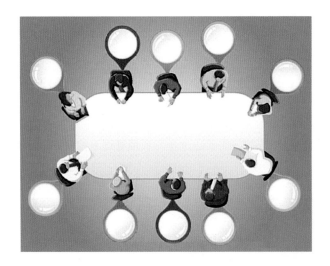

在讨论项目过程中，要考虑某些想法到底能不能做到，或者哪些更容易做到。想法很好但是无法完成，没有任何意义。利用头脑风暴分析图，分析出最可行而且最有意义的想法，这样我们的目标就非常明确了。

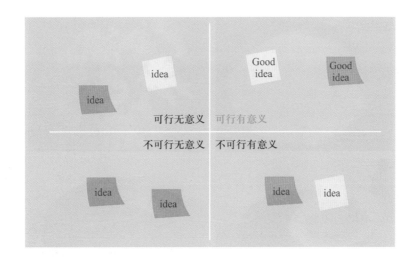

项目规划

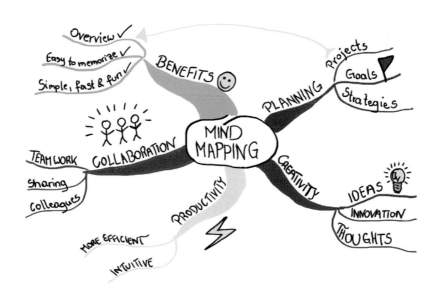

    明确目标之后,接着梳理好思路,要明确需要准备的材料工具,整体到部分的划分,以及完成的先后顺序。利用思维导图能够帮助你更好地梳理。

举个简单的例子,假如现在要做一道菜,西红柿炒鸡蛋,这也是一个小项目,第一步肯定会去想,需要用哪些材料和工具才能做成这道菜。

首先要有鸡蛋、西红柿、油,还有蒜瓣等调味料,还需要锅、炒勺和炉子。接下来要分步骤完成。

第一步:处理材料,比如切好西红柿、打好鸡蛋;第二步锅里放油加热,等待油升到合适的温度;第三步放入鸡蛋炒熟;第四步放入西红柿翻炒并加入调味料,炒熟后出锅。

这样提前梳理好思路,就能更加顺利地完成这道菜。制作项目也是同样道理,通过思维导图的绘制先梳理好思路,制作时就会更顺利。

时间管理

在完成项目的过程中,还需要注意时间管理,每一个项目肯定不能无休止地制作下去,要规定每一部分的完成时间,比如智能台灯项目大约用5节课时间完成,那么每一节课需按时完成每部分任务,不然最后很可能无法按时完成。

完成智能台灯的设计时,利用项目管理知识会让项目的制作更加顺利。首先通过头脑风暴和思维导图梳理思路。

实战练习:智能台灯设计方案

头脑风暴

第一步:确定讨论小组成员、主持人;

第二步:确定主题为智能台灯的设计方案;

第三步:依照头脑风暴的各项原则,围绕智能台灯展开讨论,并逐条记录;

第四步:将所有设想归类并去除重复内容,并确保所有人都理解这些设想。

3-2　触动未来

人的感官世界丰富多彩,可以全方位感受外界环境的刺激,这实际上就是获取外界环境数据的过程,大脑通过处理数据才能做出更好的判断,从而做出相应的动作。

在电的世界中,如果想实现智能思考的功能,也同样需要这样的过程,下面通过触动按键的学习使用来深入理解控制的核心——芯片的工作过程。

目标

- 理解信息的输入与输出
- 数字信号
- 按键使用

信息的输入与输出

信息传递在人们的社会生活中扮演着十分重要的角色,人们通过声音、文字、图像或动作来相互沟通,这些都属于信息传递的方式。

信息的传递可以分为两类,信息的输入与信息的输出,比如听音乐、看电视都属于信息的输入;唱歌、跳舞、写字、绘画属于信息的输出,这种分类的方式是根据大脑传递信息的方向决定的。

那么大脑传递信息的方式与芯片是否一样呢? 接下来利用相机拍照的例子,分析一下芯片的信息传递方式。

用手机拍照时,按下快门,照片会被存储下来,并会把图像显示在手机屏幕上,这个过程类似于上面说过的大脑传递信息的方式。

照相机的大脑是芯片,外界环境信息会通过镜头输入到芯片中,这就是输入信息的过程,而在屏幕上显示图片,就是输出信息的过程。从此例中可以看出,信息可以根据输入信息和输出信息来区分。

电信号

输入信息和输出信息是如何传递的呢?

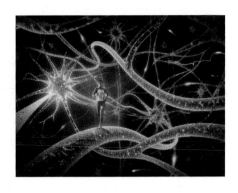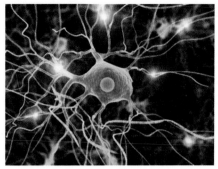

先来看看大脑传递信息的过程，这就是分布在人体内部的神经网络，它们就像错综复杂的路一样，路上的这些会闪光的小亮点，就是传递信息的搬运工，实际上它是一个电信号。

电流的形成

同样的道理，芯片传递信息也要通过电信号来实现，电子的流动就形成了电流。

以水流为例，水从高处流到低处会形成水流。同样，电信号从高电压流到低电压会形成电流。

根据信号传递的这种方式，将核心控制器与各种器件连接起来后，通过不同的信号就能进行控制。

比如控制 LED 灯，它的负极连接了 GND，是低电压，正极连接到了针脚 D13。当利用程序将 D13 设置为低电压，灯两端的电压无差别，就不会有电流通过，灯不亮；假如将 D13 设置为高电压，灯两端形成了电压差，电流就从正极流到了负极，灯也就亮了起来。

电压的单位是伏[特]，用 V 表示，芯片的工作电压一般是 5 V、3.3 V 等。

信号种类

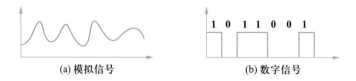

(a) 模拟信号   (b) 数字信号

设备之间传递的信息被称为信号,常用信号分为两类:一种是模拟信号,另一种是数字信号。

模拟信号:指用连续变化的物理量所表达的信息,如温度、湿度、压力、长度、电流、电压等,通常模拟信号又称为连续信号,它在一定的时间范围内可以有无限多个不同的取值。

数字信号:数字信号是指在取值上是离散的、不连续的信号。

数字信号

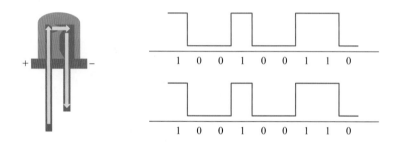

通过程序控制针脚电压的变化可以实现很多任务,比如炫彩灯光等。电压高低变化时,发送的信号如上图所示,忽高忽低,犹如长城的城墙,这种信号形式就是数字信号,它只有高、低两种状态。

LED 模块指令可以控制灯的开与关,状态设置为开,对应就是高电压,状态设置为低,对应就是低电压。实际上这种指令控制的是数字信号的高、低状态。

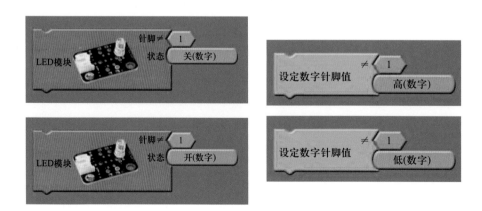

因此属于数字信号类型的元器件都可以使用设定的数字针脚值控制指令来控制电压的高低变化,这种元器件要连接到控制器的 D2~D13 针脚上。下面学习如何使用数字信号类型的电子元器件——按键。

按键的使用

家用电器以及日光灯都通过开关来操作,开关也是一种按键结构。很多电子设备都要用到按键,如电脑键盘、电子计算器、遥控系统、电话机、学习机、密码器等。

按键的原理

下面的任务中使用的按键由四条腿组成,分布在两侧,如上图所示,其中左侧两个腿均为针脚 A,右侧两个腿均为针脚 B。

按键能够实现开启和关闭两种状态,当按键连接到芯片后,芯片应该如何获取按键的状态呢?

把按键与芯片连接,针脚 A 中选取一端与电源正极相连,针脚 B 中选取一端与芯片数字端口(D2~D13)相连,该端口设置成上拉模式,按键按下芯片读取低电压(用 **0** 表示),松开读取高电压(用 **1** 表示),形成数字信号,从而芯片通过数字信号来判断按键状态。

实战练习：红蓝警报控制器

基础功能：

按下按键红色灯亮，释放按键蓝色灯亮。

拓展功能：

按下按键红色灯亮，再次按下红色灯熄灭，依次交替。

硬件连接示例

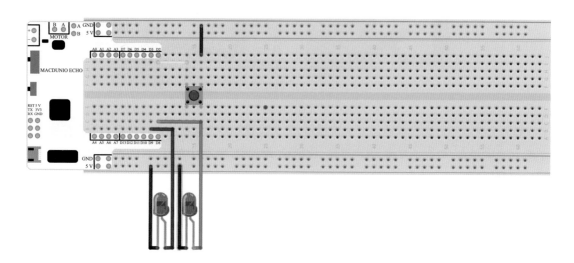

软件编写示例

按键使用需要输入上拉功能，上拉功能可以使按键连接的端口 D2 默认为高电压，防止数据混乱。按下按键接通电源负极，端口 D2 变为低电压，从而可以有效地检测出按键状态。

由于需要设置输入上拉功能，主程序可以换成 program 模块，program 模块与主程序模块相比增加了设定功能，用于开始运行时芯片的初始化工作。

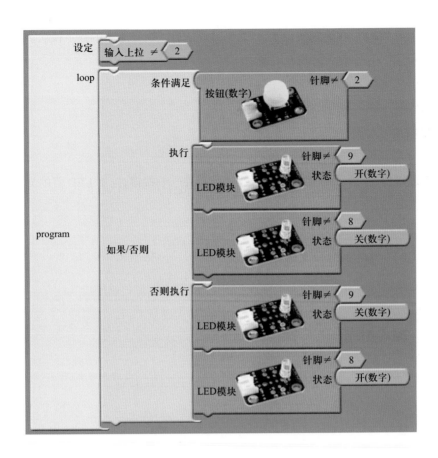

主程序使用判断语句,通过按键状态判断高、低电压,两种状态分别控制不同的灯。

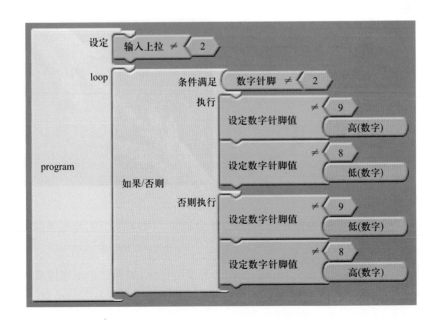

由于按键与 LED 灯传递数字信号,因此程序模块可以换成通用的数字模块,考虑到输入输出的方向不同,需要注意是否为输入或输出。

3-3　旋转的色彩

完成红蓝报警器时利用了数字信号类型的元器件——按键,控制 LED 灯的亮灭,那么如何控制灯的亮度变化呢?

目标

- 电流的大小
- 模拟信号
- 电阻与电位器

电流的大小

电流流过 LED 灯时灯会亮起,那么电流有没有大小呢?

如前所述,电流如同水流,高度差越大,水流就会越快。同样的道理,电压差越大,电流越大,灯就会越亮。

通过控制器控制接口电压变化便可以控制灯亮度的变化,如何让电压慢慢变化呢?上节课介绍的数字信号只有高低两种状态,而让电压慢慢变化就需要使用另外一种信号,即模拟信号。

电子元器件传递的信号类型有数字信号也有模拟信号,这节课需要使用一种模拟信号类型的元器件——电位器。在了解电位器之前,我们先来看一下什么是模拟信号。

模拟信号

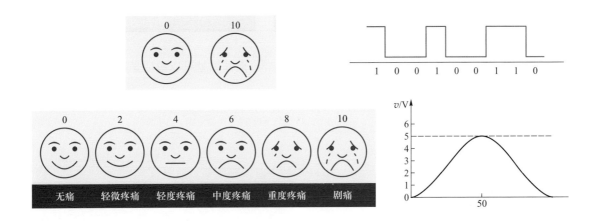

　　假如数字信号和模拟信号都可以表示疼痛感的话,数字信号能够分为疼或者不疼,这两种状态可以用高电压和低电压表示,对应的信号像长城一样,或高或低。

　　模拟信号可以分为多种疼痛状态,比如无痛、轻微疼痛、轻度疼痛、中度疼痛、重度疼痛、剧痛,这些状态就可以用变化的电压表示,而信号的形状如同山丘一样,是连续变化的,这就是数字信号和模拟信号的区别。

模拟信号的特点

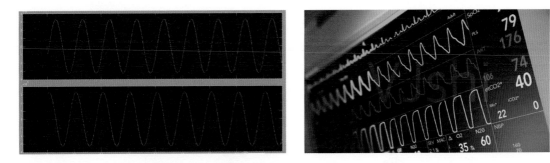

　　模拟信号的主要优点是其精确的分辨率,在理想情况下,它具有无穷大的分辨率。与数字信号相比,模拟信号的信息密度更高。由于不存在量化误差,它可以对自然界物理量的真实值尽可能地逼近描述,比如声音、图像、颜色等。

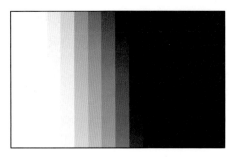

上图灰度的变化是连续的,就可以看作是模拟信号,而开关就可以看成是数字信号,只有开和关两个状态。

电阻

河流中通过设置水闸可以限制水流量,那么如何限制电流的大小呢? 这就需要使用一种可以限制电流的元器件,即电阻。

右图中是日常生活中经常遇到的堵车现象。如果某个位置堵塞,车速行驶就会缓慢。对应电路上也存在一个有堵塞效果的元器件,可以让电流的流动速度减慢,它就是电阻。

电位器

3 智能台灯

电位器是一种可变电阻,按调节方式可分为旋转式电位器、直滑式电位器。其中旋转式电位器俗称旋钮,它是怎样变化的呢? 再次以水流为例,家里的水龙头通过旋转开关,可以改变水流的大小。

同样,右图是一个电位器,它由一个旋钮和三个接口组成,通过旋转上面的旋钮,就可以改变中间动角点与固定端的电阻大小。

电子元器件的类型判断

使用不同的电子元器件时,根据信息传递方向与传递类型的不同,可以分为四类:数字输入、数字输出、模拟输入、模拟输出。

数字输入与数字输出类型的元器件,信息通过控制器的 D2~D13 端口传递;模拟输入类型的元器件,信息通过控制器 A0~A7 端口传递;模拟输出类型元器件比较特殊,通过控制器 D3、D5、D6、D9、D10、D11 这几个特殊数字端口传递(特殊端口为黑底)。

电位器通过旋转角度将连续变化的电信号传递给芯片,属于模拟输入类型,因此信息传递给了控制器的 A0~A7。

电位器的使用

电位器一般有三个端子,两个固定端一般连接电源的正负极,滑动端为输出端,输出可调电压信号。

电位器使用时中间输出端连接 A0~A7,另外两个脚一般标有 + 号和 — 号,代表连接正、负极,电位器比较特殊,可以不分正、负极。

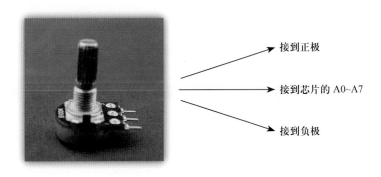

接到正极

接到芯片的 A0~A7

接到负极

实战练习：调光灯

基础功能

1. 通过电位器输入一个模拟信号，并且将模拟信号通过电脑显示出来。
2. 通过电位器控制 LED 灯的亮度。

程序编写及硬件连接

硬件连接示例

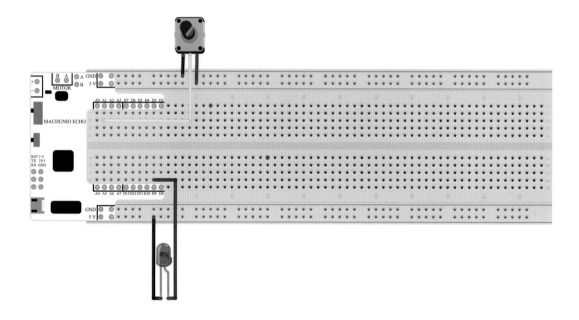

软件编写示例

3 智能台灯

任务 1：通过串口打印，将电位器发送的数据传输到电脑上，并显示。

通过串口监视器显示

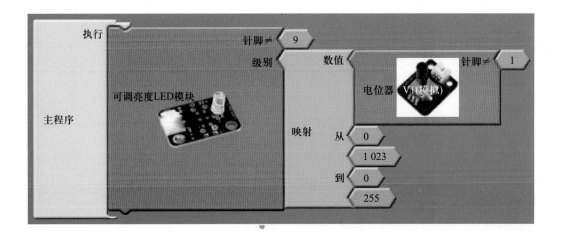

任务 2：电位器控制 LED 灯时需要注意两点：

1. LED 灯调光时需要连接特殊数字针脚，即 D3,D5,D6,D9,D10,D11,此处选用 D9。

2. 电位器输入的模拟信号数值范围是 0~1 023,LED 灯光的强度级别是 0~255。电位器控制灯光强度时需要缩小信号范围才能更精确,利用特殊的数学运算——映射,电位器的范围就从 0~1 023 转换到了 0~255。

3-4 综合编程

创意的功能组合是项目制作过程中的关键一步,这个过程可以通过综合编程来实现,综合编程时需要注意功能之间的逻辑关系,以免相互产生影响。

目标

- 程序的三大结构
- 基本功能
- 组合思路

程序的三大结构

顺序结构

先执行 A 模块,再执行 B 模块。

选择结构

当条件 P 的值为真时执行 A 模块,否则执行 B 模块。

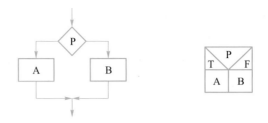

循环结构

当条件 P 的值为真时,就执行 A 模块,然后再次判断条件 P 的值是否为真,直到条件 P 的值为假时向下执行。

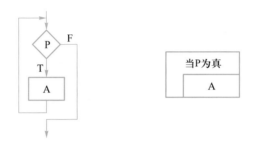

逻辑问题

逻辑问题是指需要通过符合某种人为制定的思维规则和思维形式的思维方式来解决的问题。

制作聪明的百叶窗项目时,实际上遇到过这样的问题,比如光线多强时自动关窗? 有雨和没雨的时候分别怎样控制窗户? 这些都是逻辑问题,通过判断问题的正确性,进行相应的操作。

逻辑问题归结起来实际是真假问题。在程序中,用 **1** 和 **0** 分别表示真假。

逻辑信号

信号数据可用于表示任何信息,如符号、文字、语音、图像等,从表现形式上可归结为两类:模拟信号和数字信号。

运行程序处理逻辑问题,需要使用逻辑信号来表示。它与数字信号类似,只有 **0** 和 **1** 两种状态,**0** 代表逻辑假;**1** 代表逻辑真。

标志位

标志,是表明事物特征的记号。它以单纯、显著、易识别的物象、图形或文字符号为直观语言,具有表达意义、情感和指令行动等作用。

利用标志提示,能让许多生活服务变得更便捷。例如在火车上,每个车厢的厕所数量有限,利用标志提示厕所是否有人,能最大程度上方便乘客使用厕所。

完成密码功能也需要使用标志来解决一些问题,例如输入密码时确认有没有输入完毕以及确认当前输入密码数量等等,利用标志表示信息,能更有效地完成密码输入的功能。

智能台灯的基本功能

智能台灯的基本功能包括两个:灯的开关和亮度调节。

功能的实现

实现基本功能需要用到 LED 灯、按键、电位器。按键实现开关功能、电位器实现亮度调节功能。

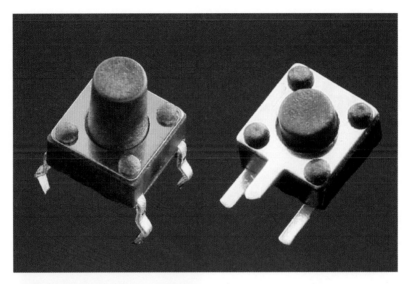

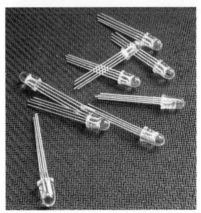

综合编程

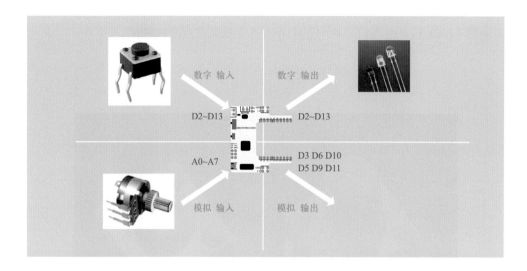

功能组合之前首先来分析一下整体功能的实现过程。按键和电位器属于输入元件,它们将控制信息传递到芯片,芯片通过综合处理,然后再控制 LED 灯输出光的信息。

若要两个功能同时实现,需要特别注意它们之间的逻辑关系,也就是指令之间到底应该如何组合,才能保证不出错误。

程序编写及硬件连接

硬件连接示例

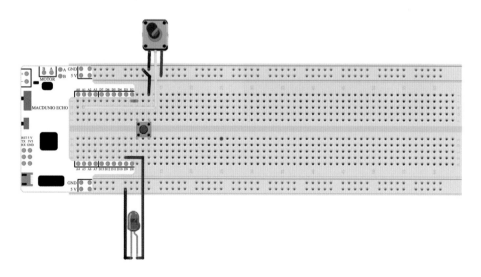

软件编写示例

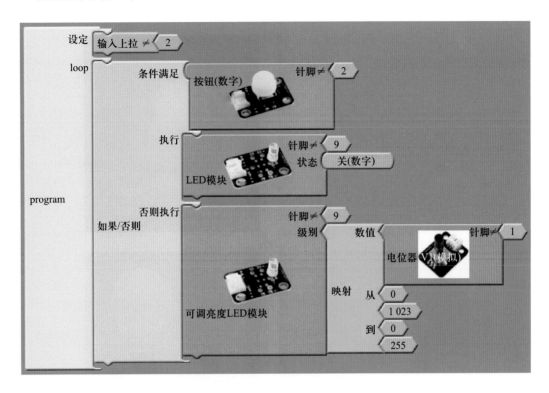

3-5　创意外形

　　创意来源于生活,一个好的外形设计往往能带给人更舒适的使用体验。在进行外观设计时,往往要明确设计主题,然后选取合理的工具与材料制作。

目标

■ 创意作品展示

■ 工具材料介绍

创意外形设计

如上图所示的四个创意台灯,它们表达了不同的设计思想:第一盏台灯的外形是个会喷水的动物,可以将光与水的形态有机结合;第二盏台灯的灯罩是个五边形,灯光投射下星星的形状;第三盏台灯在灯罩和支架外面画了一幅画,灯光透过画映射出来,非常漂亮;第四盏台灯的外形是一个热气球,感觉就像光能让它升上天空一样,这几个创意台灯的想法都非常奇妙。

但不管灯的外形如何变换,其结构基本由三部分组成:支架、底座和灯罩,设计思维导图时必须遵循此规则。

制作工具及材料

每一个外形制作都需要不同的工具和材料,下面介绍一下常用工具及材料。

常用工具

图上的工具依次是桌虎钳、锯、胶枪、剪刀、铅笔与尺子、彩笔,这些能满足我们一般的操作需要,比如测量、切割、连接、上色等。

常用材料

第一张图中是白色的 PVC 板,其硬度适中、容易裁剪;第二、三、五张图中是木材,硬度较大,外形有圆柱形的、方形等;第四张图中是一种塑料管,轻而坚固,适合支撑其他材料。

还有一些可塑性比较强的材料,比如第六、七、八张图中的铁丝、卡纸、橡皮泥,容易实现各种各样的形状。

工具和材料准备完毕,下面就可以按照你的想法制作台灯了。

制作展示

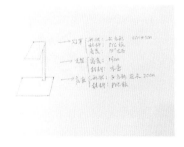 

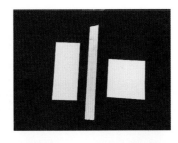
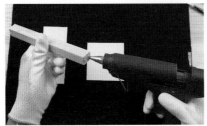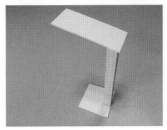

3-6　单片机拓展提升

前述课程通过 Arduino 图形化编程实现了台灯的控制功能,本节将基于单片机通过 C 语言编程实现对灯光的控制。

目标

■ 单片机控制实现

■ C 语言程序实现

■ 实现智能台灯

单片机使用功能

智能台灯制作选用单片机型号为 STC8A8K64S4A12,需要用到旋钮电位器、按键开关、LED 灯,使用的单片机功能如下:

1. 基本输入输出(IO)功能——按键的检测。

2. PWM 功能——LED 灯光亮度的调节。

3. 模数转换(ADC)功能——旋钮电位器的输入信号检测。

硬件连接

连接过程:将按键连接的一段连接在单片机的 01 口上,另一端连接在地线上。电位器的三个引脚中,两端分别连接电源正极与地线,不分正负,中间的引脚连接到单片机的 00 引脚上。最后将 LED 灯的正极连接在单片机的 10 引脚上。

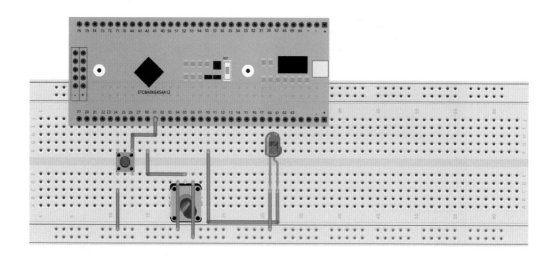

C 语言程序编写

根据系统设计思路,C 语言程序流程图如下所示:

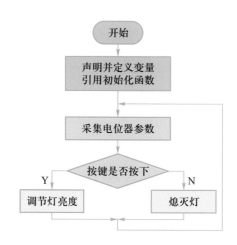

程序的核心设计思想在于条件判断与模拟信号的输入与输出,根据按键是否按下来执行不同的功能。若按键未被按下,则 LED 灯不亮;若按键按下,则根据输入的电位器模拟信号来点亮 LED 灯。

　　首先,调用"userheader.h"文件,并完成变量的声明与功能模块的初始化。初始化完成后进入主循环,将从电位器中读取到的模拟信号转为数字量后存储在变量 x 中,通过 if 语句来判断按键是否按下,若按键按下,则 P0.1 引脚的值为数字"0",执行关灯的代码;若按键未按下,则 P0.1 引脚值为数字"1",执行开灯的代码,将变量 x 作为 PWM 函数的输入参数,从而控制 PWM 信号的占空比。程序代码如下:

```
##include "userhead.h"
  int main( )
  {
      int x=0;                    // 定义变量
      setclock(0);                // 单片机设置时钟,必须执行
      ADC_init(0);                // 初始化 ADC 模块
      PWM_Init(4096,0,0x0f);      // 初始化 PWM
      while(1)
  {
      x=ADC_read(0);              // 将 ADC 转换后的数值存放到变量
      if(P01)                     // 当按键未被按下
      {
      PWM_stop( );                // 停止 PWM 输出并令输出为 0
          P10=0;
      }
      else
      {
      PWM_set(10,x);              /* 通过变量 x 中的值设置 PWM 占空比,控制灯光的
                                     亮度 */
      PWM_start( );               // 启动 PWM
      Delayms(2000);
      }
        }
```

基础任务

编写程序,实现通过电位器对灯光的亮度控制。

拓展任务

通过修改程序,将按键的控制方式修改为通过单次按动来切换 LED 灯的开与关。

功能拓展

基于单片机控制的智能台灯基本功能已经完成,现在尝试对它进行参数调整。

添加灯光与音乐的互动,添加灯光效果,智能灯中拥有起居、入睡、唤醒、就餐、聚会、爱情、音乐、光疗等八大类灯光效果,你可以尝试添加。

4 温馨的床

4-1 温馨的床

床是人类生活的必备品，一个多功能的床会给家居生活带来更舒适的体验，接下来将要学习如何制作一个功能多样的床。

视频 4.1 温馨的床

目标

- 床及其风俗习惯
- 认识传感器
- 实战练习

床及其风俗习惯

人三分之一的时间都是在床上度过，经过千百年的演化，床不仅是睡觉的工具，也成了家庭的装饰品，形状各异。

床作为人们日常生活中最为重要的家具之一，不仅反映出古人起居方式的变化和风俗习惯，而且还蕴含许多鲜为人知的历史趣闻。

感知世界

　　传感器通俗来理解就是传递感觉的器件，一种检测装置，能感受到被测量的信息，并能将感受到的信息，按一定规律变换成为电信号或其他所需形式的信息输出，以满足信息的传输、处理、存储、显示、记录和控制等要求。它相当于机器和设备的感官。

　　人们为了从外界获取信息，必须借助于感觉器官，而单靠人们自身的感觉器官，在研究自然现象和规律以及生产活动中它们的功能就远远不够了。为适应这种情况，就需要用到传感器。因此可以说，传感器是人类五官的延长。

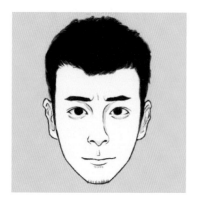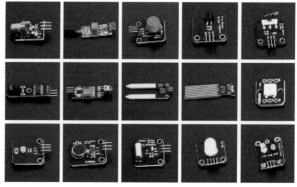

　　人类有皮肤、眼睛、耳朵、鼻子等器官帮助我们"感知"周围的世界。而机器和设备则需要利用传感器才可以从我们所生活的物理世界中把所需要的信息提取出来。比如说颜色传感器用于分辨颜色，类似于眼睛；气体传感器用于分辨气味，类似于鼻子。传感器会将获取的信息通过导线传递给芯片，导线类似于人类的神经网络，这个过程就像人类感受到的外界信息通过神经传递给大脑一样。

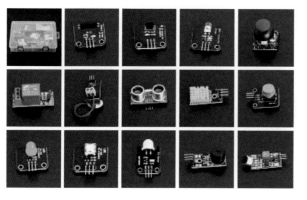

传感器是数据的采集入口,是我们熟知的高科技技术(物联网、智能设备、无人驾驶等)的"心脏"。机器人需要视觉、力觉、触觉、嗅觉、味觉等传感器才能成为真正的智能机器人;物联网万物互联的每一个前端都需要传感器采集信息;无人驾驶汽车则是通过车载传感系统感知道路环境,从而达到控制车辆规划行车路线的目的。

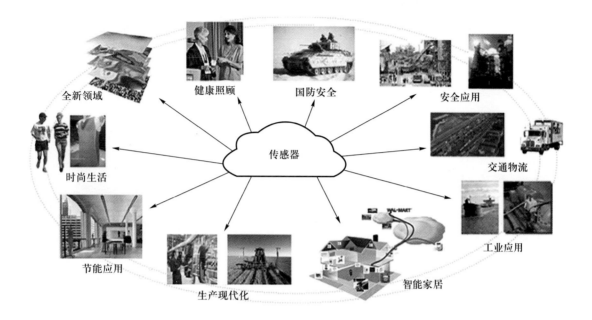

传感器已渗透到诸如工业生产、宇宙开发、海洋探测、环境保护、资源调查、医学诊断、生物工程、甚至文物保护等极其广泛的领域。可以毫不夸张地说,从茫茫的太空,到浩瀚的海洋,以至各种复杂的工程系统,几乎每一个现代化项目,都离不开各种各样的传感器。

初识光敏传感器

光敏传感器是一种能够感受光线强弱的器件,它利用光敏元件将光信号转换为电信号。比如说天气由阴转晴,光线则由弱变强,光敏传感器感受到这些变化,并把光强的变化转化成电信号输出。它的敏感波长在可见光波长附近,包括红外线波长和紫外线波长。

光敏传感器不只局限于对光的探测,它还可以作为探测元件组成其他传感器,对许多非电量进行检测,只要将这些非电量转换为电信号的变化即可。光敏传感器具有非接触、响应快、性能可靠等优点,所以它的应用十分广泛,比如光控小夜灯,白天熄灭,晚上开启;智能手机,屏幕自动调节亮度;照相机,自动开启闪光灯。

信号传递

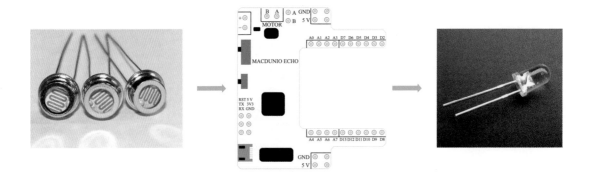

上图所示就是信号的传递方式,光敏传感器将感受到的外界信息传递给芯片,芯片进行信息处理后,根据数据信息控制 LED 灯,从而实现传感器控制 LED 灯。所以传感器属于输入设备,LED 灯属于输出设备。

实战练习

基础任务
通过串口观察光敏传感器的数据。

拓展任务
利用光敏传感器控制 LED 灯。

4 温馨的床

硬件连接

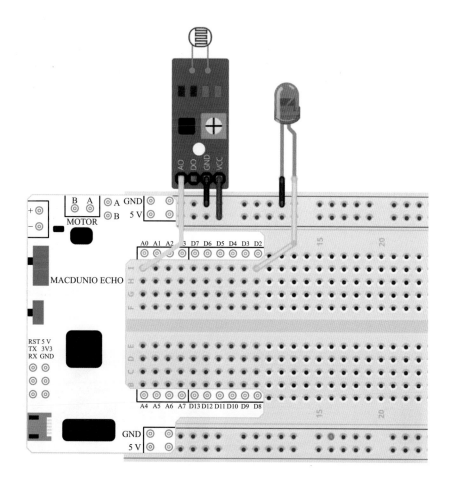

程序示例

利用串口程序观察光敏传感器的数据

通过传回数据可以观察光敏传感器的光强检测变化。当手未遮挡时,数据大小在 120 左右;当手遮挡时,数据骤然增长到了 700 左右,效果非常明显。

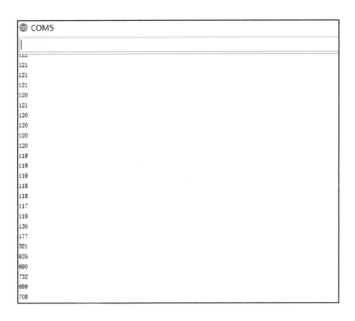

通过光敏传感器来控制灯的亮与灭。当数据大于 400 时,灯点亮;小于等于 400 时,灯熄灭。

效果展示

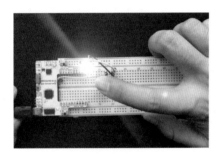

遮挡光敏传感器

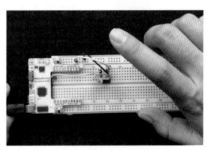

未遮挡光敏传感器

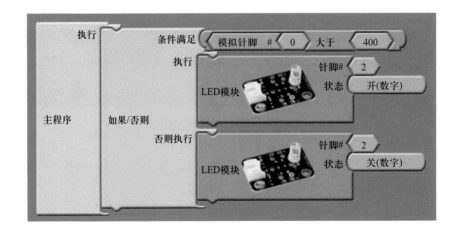

光控 LED 灯创意改造

通过软硬件设计已实现光敏传感器控制 LED 灯,观察如下两个光敏控制小夜灯,你能否将你的作品也加上这样一个创意的外形呢? 下面就来试试吧。

LED 声光控灯的探究学习

请同学们查阅 LED 声光控灯的相关资料,根据其工作原理及特点与普通电灯进行比较,并得出结论。

LED 声光控灯		普通电灯
结论		

4-2 灰度识别器

视频 4.2 灰度识别器

动物眼中的世界和人看到的世界有极大的不同,有些动物只能看到一种或几种颜色,比如奶牛看到的世界是红色和橙色,而马的世界主要由灰色、黄色和蓝色组成。因此他们只能根据不同物体的灰度来判断世界,本节课在了解灰度相关知识的基础上,学习并使用光电传感器来制作一个灰度识别器。

目标

- 了解灰度
- 认识光电传感器
- 实战练习

什么是灰度

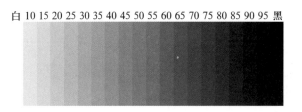

所谓灰度色,就是指纯白、纯黑以及两者中的一系列从黑到白的过渡色。

日常生活中所说的黑白照片、黑白电视,确切地应称为灰度照片、灰度电视。灰度色中不包含任何色相,即不存在类似红色、黄色的颜色。灰度的通常表示方法是百分比,范围从 0% 到 100%。灰度最高相当于最高的黑,即纯黑。灰度最低相当于最低的黑,也就是 "没有黑",即纯白。

认识光电传感器

　　光电传感器是一种基于光电效应将光信号转换为电信号的器件,其上安装有两个小灯,分别为黑色和蓝色,蓝色灯可以发出红外线,黑色灯可以接收,传感器通过检测接收回来的红外线强弱判断外界的信息。物体表面会吸收和反射外界射来的电磁波,常温下物体的颜色由反射光所决定。一些物体在光线照射下看起来比较黑,是因为它吸收电磁波的能力强,而反射电磁波的能力弱,当红外线照射黑色物体时,物体完全吸收电磁波。白色物体则完全反射电磁波,所以光电传感器检测到黑色和白色所反馈回来的数据是不一样的。

　　光电传感器用途广泛,常用来测量光的强度以及物体的温度、透光能力、位移及表面状态等物理量。比如基于透光原理的火灾预防光电报警器,利用表明状态不同的条形码扫描枪以及识别黑色赛道的智能小车。

思维拓展

　　颜色：颜色是通过眼、脑和我们的生活经验所产生的一种对光的视觉效应，肉眼所见到的光线，是由波长范围很窄的电磁波产生的，不同波长的电磁波表现为不同的颜色。颜色具有三个特性，即色相、明度和饱和度。

实战练习

基础任务

利用串口观察传感器的数据。

拓展任务

制作灰度识别器。

硬件连接

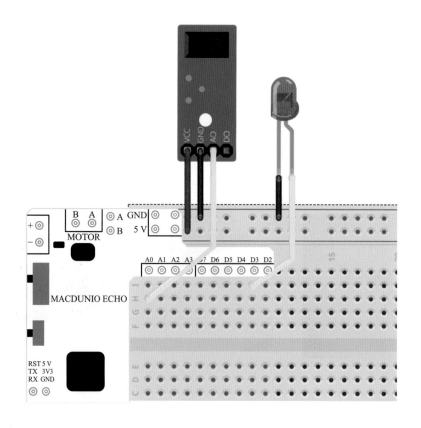

4　温馨的床

程序示例

利用串口程序观察光电传感器的数据

当手遮挡光电传感器时,数据从 990 左右跳变到 150 左右,数据变化非常明显。

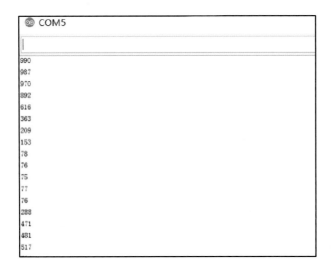

由于 LED 灯连接芯片的 D3 针脚,所以需从侧边栏引脚中找到设定模拟针脚,把其端口号改成 3;其次在数学运算里面找到"从[0-1 024]映射到[0-255]",在其后面接模拟针脚 0。因为传感器的范围值是 0~1 024,而灯的亮度范围值是 0~255,所以需要添加映射。

效果展示

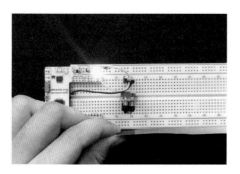

黑色部分遮住光电传感器

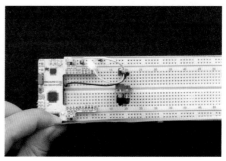

灰色部分遮住光电传感器

光电传感器的其他应用

学习与探索

通过网络或其他方式,查阅门铃的演变过程和门铃的种类。

门铃	
演变过程	种类

前述所用光电传感器主要用于检测光线的遮挡信息,串口的数据变化显示出光线是否被遮挡。下面请大家尝试采用光电传感器、LED 灯和蜂鸣器来制作一个创意门铃。

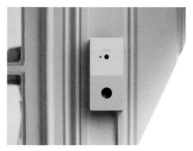

4 温馨的床

请同学们借鉴图示门铃进行外观设计,也可以根据自己的想法实践制作,接下来让我们赶快动起手来,实现你想法吧!

4-3 功能优先级

本节课的学习任务是优先级,并利用学过的光电和光敏传感器来同时控制一盏 LED 灯。

视频 4.3 功能优先级

目标

■ 优先级

■ 实战练习

优先级

  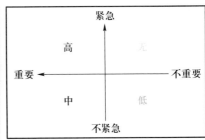

优先级是计算机方面的专业词汇,电脑在执行各项任务时,要根据优先级的先后来完成任务。举例讲解,如图所示,左图是上课,中图是着火。很显然,如果上课时发生了火灾,第一反应就是赶快跑出去,到安全的地方避难,这就是右图中优先级高且重要紧急的事情。上课虽然也是重要的事情,但两者对比而言,火灾的优先级更高,需要第一时间进行处理。

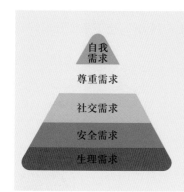

思维拓展

马斯洛需求层次理论:通俗理解,假如一个人同时缺乏食物、安全、爱和尊重,通常对食物的需求是最强烈的,其他需要则显得不那么重要。此时人的意识几乎全被饥饿所占据,所有能量都被用来获取食物。在这种极端情况下,人生的全部意义就是吃,其他什么都不重要。只有当人从生理需要的控制下解放出来时,才可能出现更高级的、社会化程度更高的需要,如安全的需要。

实战练习

基础任务

两个传感器同时控制 LED 灯。

拓展任务

优化程序,使得功能更完善。

硬件连接

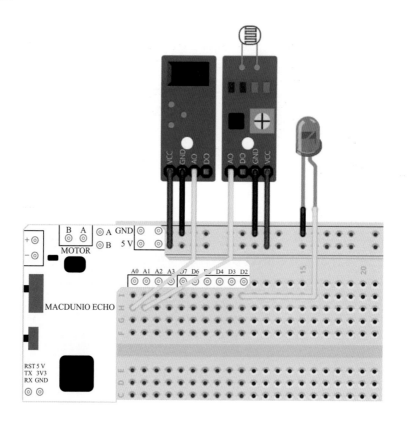

4 温馨的床

程序示例

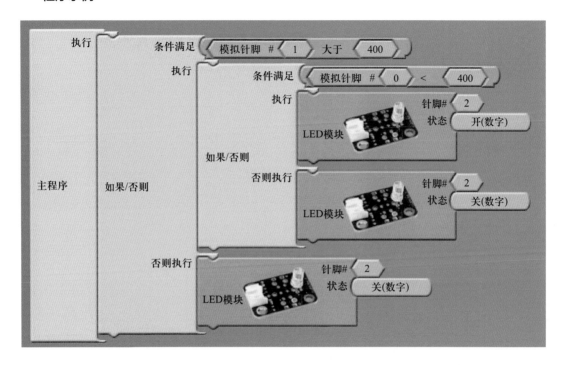

上述程序用到两个如果／否则程序块,第一个如果／否则的判断条件是,当光敏传感器的数值大于400时,则执行程序,否则,灯熄灭;第二个如果／否则嵌套在第一个判断语句中,它的判断条件是光电传感器的值小于400,即让灯打开,否则灯熄灭。

此处就是前述的功能优先级概念。白天光线非常充足,床灯不需要被打开;晚上,人从床上下来,看不到地上的拖鞋,当把腿伸下床时,刚好挡住光电传感器,灯被打开,从而实现通过设置优先级智能控制小灯的功能设计。

作品展示

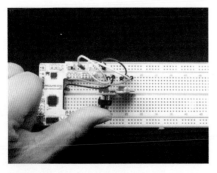

单手遮住光电传感器,灯是不会亮起的。

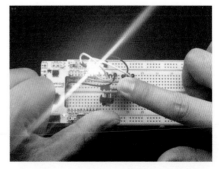

一个手遮住光敏传感器,另一个手再遮住光电传感器,这样灯就亮了。

4-4 综合制作

视频 4.4 综合制作

前述几节已经完成温馨的床的功能部分,下面来制作床的外观。

目标

- 外形设计
- 实战练习
- 制作过程

外形设计

在综合制作前,通过欣赏一些床的案例进行创意启发。越来越多的床具有了艺术创意性,成为装饰性极强的"艺术品",让生活变得更加多姿多彩!

实战练习

基础任务

根据自己的创意设计制作床的外观。

拓展任务

将功能部分安装到床上。

作品展示

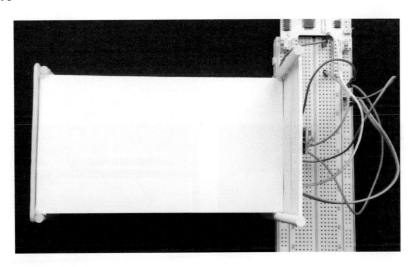

材料准备

材料准备如下:

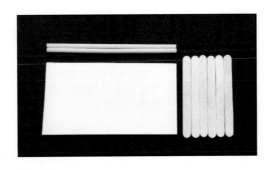

15 cm 的木棒两根,
9 cm 的冰糕棒 6 根,一
块长 15 cm、宽 8 cm 的
PVC 板。

制作过程

此制作过程,需要用到胶枪和小锯,所以同学们需要戴上手套,保护双手。

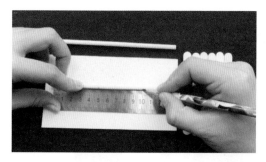

（一）分割木棒。在木棒上用铅笔画标记,将其分割成三段 5 cm 的小段。

（二）切割木棒。如图,将木棒分割成 5 cm 与 10 cm 的两段,两根木棒都要裁切,裁切方法如图,左手固定,右手握住小锯,前后推拉。

（三）裁切效果展示。只要把两根长木棒裁切为一长一短,10 cm 和 5 cm 的两段即可。

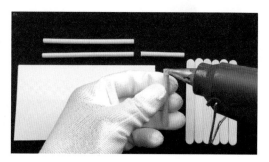

（四）固定床腿。用胶枪在 5 cm 的小木棒顶端打上胶。

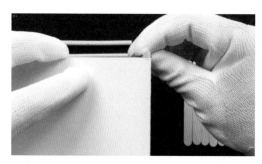

（五）安装床腿。将 5 cm 床腿如图所示,固定在 PVC 板子的一端,这个过程需要把两个 5 cm 的床腿都安装固定上,并且保持对称。

（六）固定床尾。拿一个冰糕棒,在其两端打上胶。

4 温馨的床

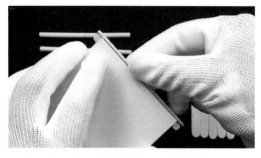

（七）安装床尾。将冰糕棒如图所示安装在两个床腿之间。

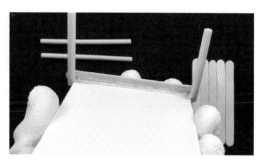

（八）稳固床尾。在冰糕棒内侧与 PVC 板之间打上胶，这样会使其变得更加稳固。

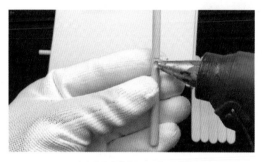

（九）固定床腿。拿出 10 cm 的床腿，在其中间划线处的下方打上胶。

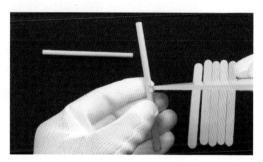

（十）固定床腿。同样的方式，将 10 cm 的床腿固定在 PVC 板的另一端，此过程同样要安装两个 10 cm 床腿，并且保持对称。

（十一）安装床头。将剩下的冰糕棒按照上面安装床尾的方法，依次地贴到床腿外侧，使其变成床头。

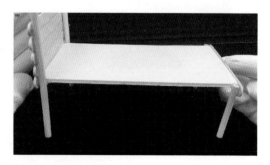

（十二）完成效果展示。

改造与优化

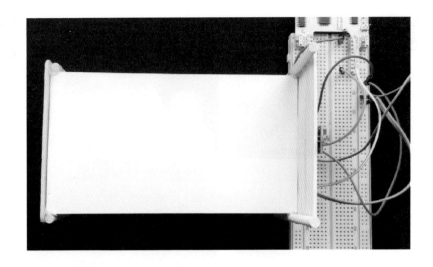

　　温馨的床已制作完成,接下来需要同学们对作品进行改造与优化。下面提供几个想法,仅供参考,同学们可以发挥自己的想象力进行创意改造:

1. 为床设计并制作两个床头柜。
2. 在床头柜上安装一个可以调光的台灯。
3. 用布或是其他材料来制作床上用品,增加床的真实性。
4. 将单人床改造成双人床或是上、下床。

4-5　单片机拓展提升

通过前面的课程学习,我们制作完成了一个基于 Arduino 的温馨的床,接下来我们将采用 C 语言结合单片机来实现相同的制作。

视频 4.5　温馨的床单片机 C 语言

目标

- 认识单片机
- 程序的编写
- 实际效果

单片机使用功能

本次选用单片机型号为 STC8A8K64S4A12,选用元器件主要是光敏传感器、光电传感器和 LED 灯,使用的单片机功能如下:

1. 基本输入输出(IO)功能——LED 灯。
2. 模数转换(ADC)功能——光敏传感器、光电传感器。

光敏传感器和光电传感器采集模拟信号,通过单片机 ADC 模块实现模数转换,即 ADC 模块将连续模拟信号转换为离散数字信号,其主要功能是:将输入的模拟信号经过模数转换后,输出数字量。

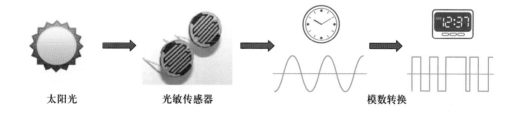

太阳光　　　　　　　光敏传感器　　　　　　　　　　　模数转换

前述课程采用 Arduino 连接光敏电阻观察光线变化时串口数字量的变化。单片机同样也可以实现这样的功能,其过程如下:当光敏传感器感应到光线变化时,其内部将会产生电信号的变化,并通过 AO 端口输出,而单片机的 ADC 模块就是通过捕捉电信号的变化,然后把电信号转化为数字信号。此处的数字信号与 Arduino 串口模式打印的数字是一样的,在单片机中可以通过编写程序获取这些数字量。

导图示例

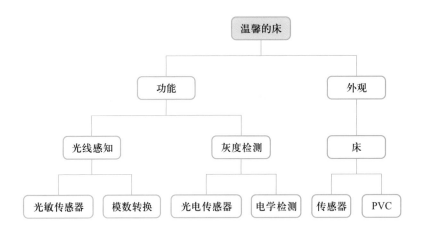

```
                         温馨的床
              ┌────────────┴────────────┐
            功能                        外观
     ┌────────┴────────┐               │
   光线感知          灰度检测            床
  ┌───┴───┐       ┌───┴───┐        ┌───┴───┐
光敏传感器 模数转换 光电传感器 电学检测 传感器  PVC
```

硬件连接

连接过程:光敏传感器的 AO 引脚连接单片机的 00 引脚,LED 灯的正极连接单片机的 01 引脚,灰度传感器的 DO 引脚连接单片机的 02 引脚。

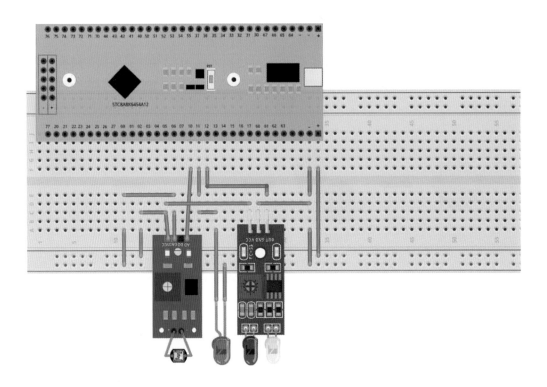

C 语言程序编写

根据系统设计思路,C 语言流程图如下所示:

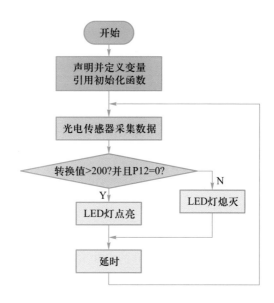

程序开始,声明变量、单片机功能初始化。初始化结束后,对光敏传感器和光电传感器进行检测,然后根据检测结果控制 LED 灯的亮灭,经短暂延时后继续循环。

进入主程序后,首先定义一个变量,用来保存模数转换后的数字,接下来进入循环,将模数转换后的数字直接保存到定义的变量中,然后判断两个条件是否同时成立,条件一是保存到变量中的数值是否大于 200,条件二是 02 引脚是否为低电平。当这两个条件同时成立时,LED 灯亮;当两个条件有任意一条不成立,则 LED 灯不亮。接下来是延时等待一段时间,然后再次回到获取模数转换数值的程序段,继续执行。

程序代码实现如下:

```
#include<stc8.h>
#include<universal.h>
#include"intrins.h"
void main( )
{
  unsigned int res=0;
  while(1)                 // 一直循环
  {
```

```
    res = GetADCResult(0);      // 获取 ADC 模块的数值,并保存到变量 res 中
                                /* GetADCResult(0)中的 0 代表 0 通道,
                                * 引脚为 P1^0,也可以使用 1~7,
                                * 引脚分别为 P1^1~P1^7      */
    if(res>200 && P02==0)  P01=1;
                                /* res>200 说明光敏传感器感受到的光线强度低于某一个值,
                                * 并且 P02==0 说明在灰度检测器检测到色度变化,
                                * 在两个条件同时成立的情况下灯才被点亮。    */
    else P01=0;                 // 如果不符合上述的条件,则灯不亮
    Delay(1000);                // 延时 1s
    }
  }
 }
```

接下来打开 Keil,通过 STC-ISP 导入到 Keil 的 C51 文件夹中,新建工程时选择芯片,选择 STC MCU Database 目录下 STC8A8K64S4A12 单片机,新建工程并加入 C 语言文件后,编写如上代码,或者直接打开附带的工程文件,完成后进行程序编译。

基础任务

编写程序,实现温馨的床。

拓展任务

1. 尝试使用按键控制灯的开关。
2. 尝试添加元器件。

功能拓展

作品的基本功能已实现,接下来让我们启动思维来拓展一下床的功能,让温馨的床更加智能、更加人性化。

比如在不同的光线强度下,让灯的亮度不同;加入麦克风模块,实现声控;加入不同颜色的 LED 灯,用按键来切换颜色,这样可以实现冷暖色的交换,也可以加入传动装置实现靠背的倾斜度以及高度,当我们倚靠时让床变得更加舒适。

5 智能盆栽

5-1 智能盆栽

　　很多人喜欢盆栽,在家里的阳台上,种点花花草草,看着自己栽种的绿色植物一点一点成长,闲情逸致,修身养性。盆栽的健康生长也要依靠主人的悉心照料,下面我们就来看一下如何通过巧妙的办法让盆栽生长得更健康。

目标

- 了解植物的特点与盆栽知识
- 绘制智能盆栽思维导图

你栽种过什么样的植物

上页图是常见的一些盆栽植物，一般适合家庭种植的植物有绿萝、吊篮、多肉、万年青等。

家中盆栽种植，第一步首先要选择合适的植物，不同的植物对生长环境要求不一样，除了个人喜好，还要考虑到季节、地理位置和室内的环境条件等因素。

植物的生长

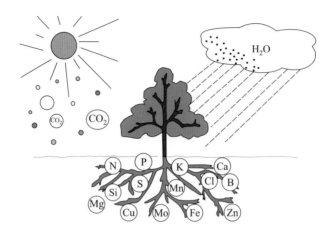

植物的生长过程需要充足的阳光、适宜的水分以及适量的养分，有了它们才能让植物正常生长，因此在盆栽种植过程中，需要十分注意上述要素。

想要植物更好地生长，就需要及时地补充阳光、水分和养料。想要达到这样的效果，首先要准确获取光照强度和水分含量等信息，这是智能盆栽的一项重要功能。

思维拓展

花草检测仪：左图是一款花草检测仪，它总长 12 cm，使用时只要将较尖的部分插入花盆即可。这款监测仪由上向下集成了四种传感器，分别是光线、温度、水、肥四大数据。通过纽扣电池供电，一颗可用 365 天。配备 IP5 级防水，给植物喷水时无需将其取出。

头脑风暴与思维导图

经过创意启发和思维引导,如果让你为种植的花草制作一款能够自动补光和浇水的智能盆栽,你会为它添加什么功能呢? 赶快行动起来,和周围的小伙伴一起进行头脑风暴,提炼你的想法,最后找到可行且有意义的解决办法。

任务

头脑风暴,完成思维导图的绘制。

导图示例

经过简单地讨论与分析,形成如下可行且有意义的想法。智能盆栽设计分为功能和外观两方面,功能主要是自动补光和自动补水,通过光敏传感器的感知判断启动 LED 灯工作,实现自动补光;采用土壤湿度传感器的检测判断启动蜂鸣器报警,从而提示浇水。制作方面,需要用到花盆、种子、土壤以及其他附加材料。

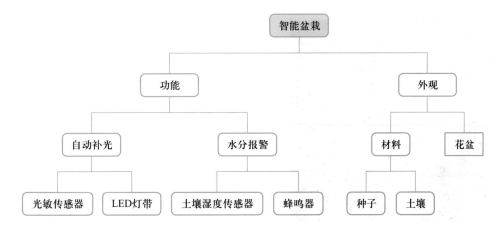

5-2　光照控制

万物的生长离不开阳光,稳定的光照对植物的生长起到了非常重要的作用,本节我们将研究如何控制光照强度。

目标

■ 理解光照与植物生长的关系
■ 实现盆栽的光照控制

光照与植物的生长

向日葵总会朝向太阳生长,这是为了能够尽可能接收到太阳光,如果接收的太阳光不充足,植物就无法获得足够的能量,出现叶片发黄、叶片掉落等现象。

 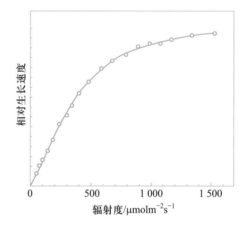

研究发现,植物的生长是通过光合作用储存有机物来实现的,因此光照强度对植物的生长发育影响很大,在一定光照强度范围内,随着光照强度的增加,光合作用的强度也相应地增加,但光照强度超过光的饱和点时,光照强度再增加会破坏原生质,引起叶绿素分解,造成光合作用减弱,甚至停止。光照强度弱时,植物光合作用制造有机物比呼吸作用消耗的还少,植物就会停止生长。只有当光照强度能够满足光合作用的要求时,植物才能正常生长发育。

因此我们需要利用智能盆栽自动控制光线的强弱,这样就会让植物以最高效率的速度生长,而且生长得更加健康。

光照的检测

地球围绕着太阳不停转动,因此太阳照射到地球上的光时刻都在变化。

光照强度对植物生长有着密切的联系,通过实时监测光照强度,就可以根据实际的光照情况改善植物的环境条件。

　　利用光敏传感器,可以准确测量光线的强弱。光线通过传感器检测会转换为一组光强数据,通过串口监视器便可以显示出数据的大小,从而做出进一步判断。

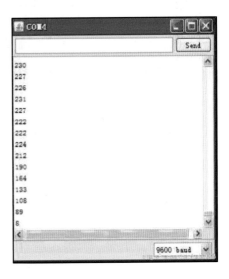

思维拓展

　　光照的精确测量:为了更好地改善植物的生长环境,测量环境数据时应该采用更加精确的方式。

　　测量时,一般都避免不了出现错误的数据。为了减小错误数据对整体的影响,常采用将同一操作重复多次取平均值的方法,这样可以大大降低偶然误差对测量带来的影响。

元件分配表

　　不同的电子元器件传递的信息不同,其电路连接也稍有不同。比如电子元器件把信息传递给控制器时,需要一个针脚连接到控制器的信息端口(A0-A7,D2-D13),如图所示各元件分配表,对各种元器件的连接端口简单分类。

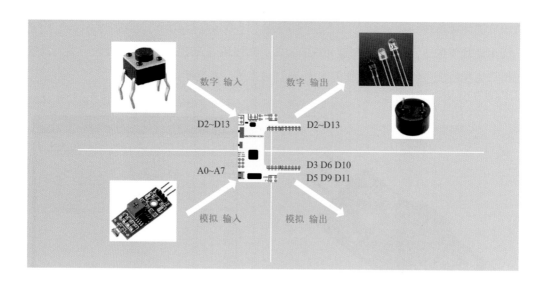

数字 输入   数字 输出

D2~D13   D2~D13

A0~A7   D3 D6 D10
         D5 D9 D11

模拟 输入   模拟 输出

实战练习

任务

1. 检测光照强度。

2. 自动补光。

硬件连接示例

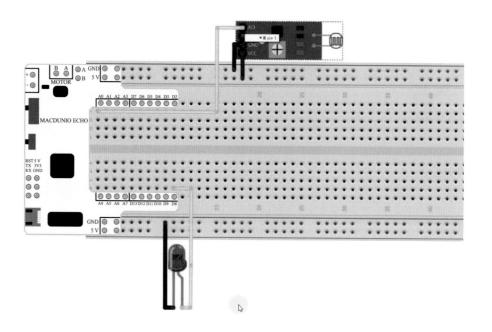

5　智能盆栽

材料准备:核心控制器、面包板、1只LED灯、光敏传感器、导线若干。

软件编写示例

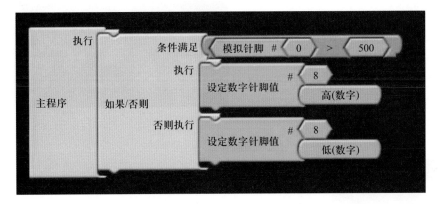

左图是光照控制程序,当光敏传感器采集值大于500时,灯打开;小于等于500时,灯关闭,根据光线强度控制LED灯开灭的功能。

大家可以根据实际情况来选择合适的光敏传感器采集值,用于控制灯光的开关。

5-3 水分控制

水是生命之源,万物生长都离不开水,因此盆栽植物的健康生长,水分控制也十分重要。

目标

- 理解水分与植物生长的关系
- 学会使用土壤湿度传感器检测水分

植物的根与水分

根是植物长期适应陆地生活而在进化过程中逐渐形成的器官,构成植物体的地下部分。

根由主根、侧根和不定根组成,它的主要功能是吸收营养。通过根,植物可以吸收到土壤里的水分、无机盐类及某些营养物质。

根还能固定和支持植物,以免倒伏。

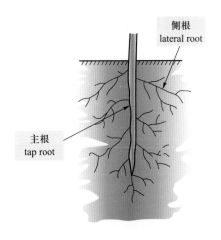

根是植物的一个重要器官,根在地下的分布十分广阔,一般比地上的植物还要大,有些特殊植物的根甚至能有地上的十几倍大小。

通过覆盖在地下的根,植物每天都可以在土壤中获取充分的营养物质,其中 90% 以上是水。

水可以给植物的各项生命活动提供能量,其中很大部分还要被蒸发到空气中。

土壤湿度

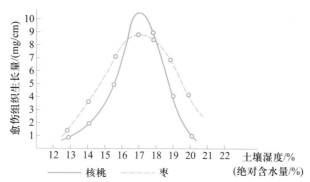

植物的生长离不开水,但是水分过多也不利于植物的生长,不同的水分含量对植物生长速度有一定的影响,如上面右图所示。通过湿度与生长关系图,可以看出核桃和枣这两种作物在不同的水分含量下的生长状态,含量在 17% 左右时,生长速度是最快的,而低于或高于这个含量都会让生长速度下降。

因此我们可以利用测量工具让水分保持在最佳的含量状态,从而利于盆栽植物的生长。

土壤湿度的测量

下面右图是土壤湿度传感器,将两个插针分别插入不同的土壤中进行测试,如下页左图中两组不同土壤,根据测得的数据大小便可以判断出土壤的水分含量。

利用数据测量方法获取到准确的数据之后,可以将湿度大小分成几个阶段,并通过一定的方式显示出来,方便对盆栽进行管理。

出现明显的积水

实战练习

任务

1. 利用传感器检测不同土壤的湿度。

2. 土壤处于不同的湿度用 LED 灯指示。

硬件连接示例

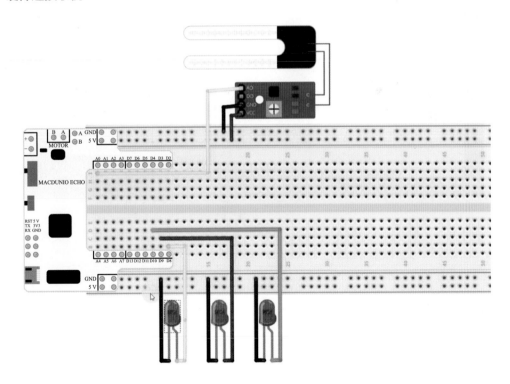

材料准备：核心控制器、面包板、3 只 LED 灯、土壤湿度传感器。

软件编写示例

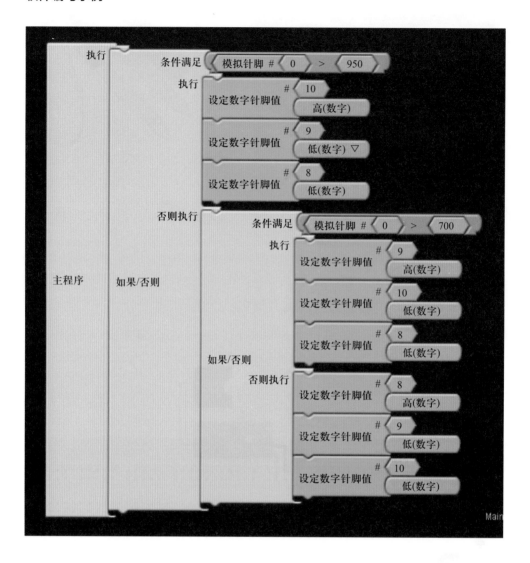

通过采集土壤湿度传感器的测量值,决定8、9、10三个接口处 LED 灯的亮灭关系,这样能更加直观地判断土壤湿度传感器的采集状况。

5-4 盆栽种植

前两节中我们探讨了智能盆栽的光照控制以及水分控制,这可以保证给植物提供适宜的生长环境,完成了这部分后,接下来我们再来看一下有关盆栽制作的知识和制作技巧。

目标

挑选盆栽

选择树种

种植的树种选择取决于它生长的环境。气候、环境等因素都是选择树种时需要考虑的因素。如果是第一次盆栽,可以选择本土品种。

决定是否从种子开始种起

从种子开始种植盆栽是一个又慢又值得期待的过程。在自己的呵护下看着它慢慢长大,是个不错的选择。

保持盆栽健康

注意季节

盆栽像其他树木和植物一样,与四季变化有关。如果是室外栽培,与温度、光照和地区降雨量有很大关系。有些地区四季分明,而有些地区可能四季如春,变化不太明显。

不管怎样,需要了解盆栽对四季变化的要求,并据此养护植物。

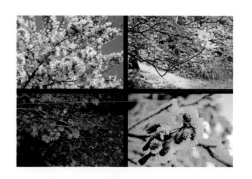

合适的温湿度和场地

选择空气流通,通风条件好,二氧化碳供应充足,热量丰富的地方种植盆栽。白天吸热多,升温快;夜间散热慢,气温较低。白天气温高,有利光合作用的进行;夜晚温度低,呼吸作用消耗养料较少。

你需要弄明白栽种的盆栽是否既需要阳光也需要阴凉,大部分盆栽早晨需放在阳光直射的地方,中午则要将其移到阴凉处。

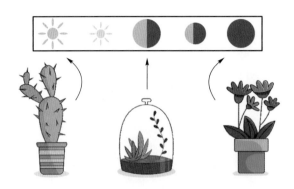

依据盆栽品种的不同为其提供适量的光照、水和恒定的温度。

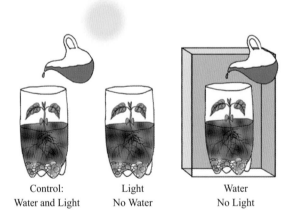

Control:
Water and Light

Light
No Water

Water
No Light

通过前面课程中完成的光照控制,检测光线,能够根据不同情况对植物进行补光或者遮阳,这样避免了每天搬运花瓶的工作。

提供食物和水

水和养分是植物生长必不可缺的元素,及时地补充水和养分能让植物生长得更健康。

利用土壤湿度传感器可以时常提醒人们植物的生长状态,达到更好的水分控制。

实战练习

任务

完成智能盆栽的设计与制作。

硬件连接示例

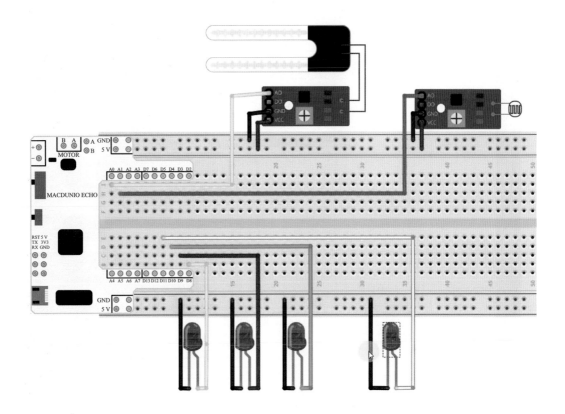

材料准备:核心控制器、面包板、4 只 LED 灯、土壤湿度传感器、光敏传感器、导线若干。

软件编写示例

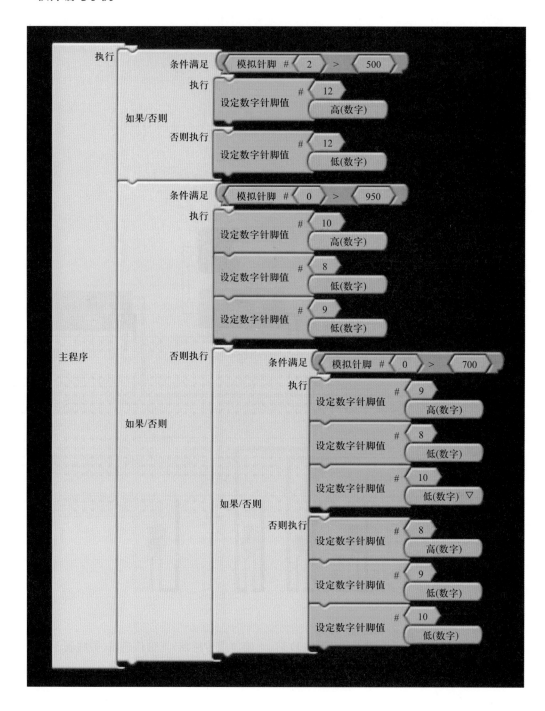

当光敏传感器采集值大于 500 时,补光 LED 灯打开,反之关闭。同时用 3 个 LED 灯来显示土壤传感器的值大于 950、大于 750、小于等于 750 时的状态。

5-5 单片机拓展提升

前述课程通过 Arduino 图形化编程实现了智能盆栽,本节将通过单片机控制和 C 语言编程实现盆栽的控制。

目标

■ 单片机控制实现
■ C 语言程序实现
■ 功能拓展

单片机使用功能

智能盆栽制作选用单片机型号为 STC8A8K64S4A12,选用元器件有土壤湿度传感器、光敏传感器、LED 灯,使用的单片机功能如下:

1. 基本输入输出(IO)功能——LED 灯。
2. 模数转换(ADC)功能——土壤湿度传感器、光敏传感器。

本次设计涉及的功能在前面章节都已介绍,这里不再赘述。

土壤湿度传感器

土壤湿度传感器通过表层的接触部位接触土壤,将土壤中的水分含量转换为电信号。该电信号通过 AO 口直接输出,同时电信号通过与传感器上的滑动变阻器设置进行比较,产生一个逻辑信号,输出到传感器的 DO 输出口。

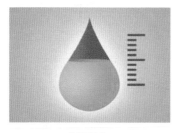

土壤湿度

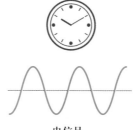

电信号

单片机

硬件连接

连接过程:LED 灯正极连接单片机的 00~03 引脚,负极接单片机的地线。土壤湿度传感器的 AO 口连接单片机的 10 引脚,光敏传感器的 AO 口接单片机的 11 引脚,土壤湿度传感器与光敏传感器的 VCC 接电源的正极,GND 接单片机的负极。

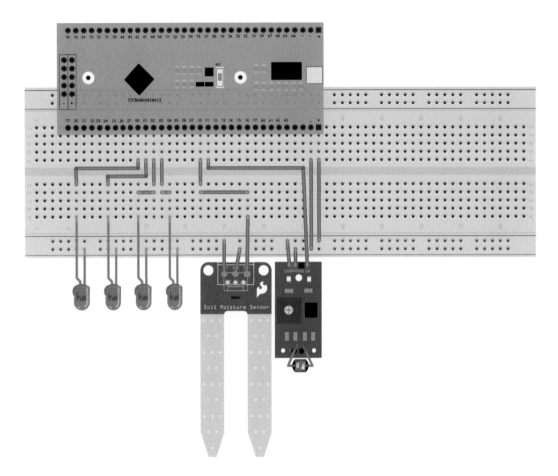

C 语言程序编写

程序开始,声明变量、单片机功能初始化。初始化结束后进入主程序,检测光敏传感器和土壤湿度传感器,通过两个传感器的状态控制 LED 灯。

使用单片机前需要调用控制单片机的一些基础文件,其常用功能已封装在 "userhead.h" 头文件下,因此调用头文件功能时只需调用该头文件即可。由于头文件内的功能已经满足本次设计需求,即此程序编写过程中无需初始化。

进入主程序后,初始化 10、11 引脚为 ADC 功能,用来读取土壤湿度传感器与光敏传感器的采集值,结束初始化,进入主循环。在主循环中,通过判断 10、11 引脚得到的值,控制对应的 LED 灯工作,结束主循环、结束主程序。

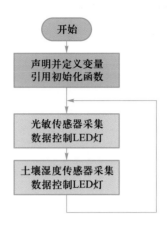

```
#include "userhead.h"
int main( )
{
  ADC_init(10);                    // 读取土壤湿度传感器初始化
  ADC_init(11);                    // 读取光敏传感器
  while(1)
  {
     if(ADC_read(11)<2000)         // 光电对管调整灯光
     {
        P00=0;
     }
     else{
        P00=1;
     }
     if(ADC_read(10)>3500)         // 土壤湿度传感器调整灯光
     {
        P01=1;
        P02=0;
        P03=0;
```

```
            }
        else{
            if( ADC_read(10)>2800)    // 调整灯光
            {
                P01=0;
                P02=1;
                P03=0;
            }
            else{
                P01=0;
                P02=0;
                P03=1;
            }
        }
    }
```

基础任务

编写程序,实现智能盆栽。

拓展任务

1. 尝试添加检测环境的传感器。
2. 尝试替换盆栽状态显示方法。

功能拓展

基于单片机控制的智能盆栽基本功能已经完成,接下来尝试对它进行参数调整。

种植盆栽时,需要检查环境以便查看是否适合生长,那需要考虑哪些因素? 答案是光、水、二氧化碳含量、氮磷钾等。很显然,如果你种植盆栽足够精细,那么就需要添加更多的检测手段来帮助植物健康生长。这不仅仅对家养植物有一定的意义,同时对精细化农业种植也有很大的借鉴意义。

　　上图是一款监测土壤湿度并且给作物浇水的盆栽监控系统，它装有多个土壤湿度传感器，可同时检测多个作物的土壤湿度状况，并可给植物适当补充水分。

6 声光控灯

6-1 声音控灯

灯是人类一个里程碑式的发明,下面来了解开关灯光更智能的方式。

目标

- 灯具的变迁
- 麦克风的历史
- 实战练习

灯具变迁

白炽灯　　　　　　　节能灯　　　　　　　LED 灯

自 1879 年,美国发明家托马斯·爱迪生制成了碳化纤维(即碳丝)白炽灯以来,电灯就已经成为人们生活中最为普遍、不可缺少的电器。

随着科技的进步,人们对于节能的意识也越来越强,节能灯也就应运而生了,它的耗电量只有白炽灯的 1/4。

现在我们生活中用到越来越多的 LED 灯,它的能耗是节能灯的 1/5 到 1/4,更加节能且寿命更长,所以 LED 灯的普及率越来越高。

麦克风的历史

碳精电极麦克风

MD4 型麦克风

铝带式麦克风

动圈式麦克风

电容式麦克风

麦克风

　　麦克风的工作原理是由声音的振动传到麦克风的振膜上,推动里面的磁铁形成变化的电流,这样变化的电流传到后面的声音处理电路进行放大处理。

实战练习

基础任务

使用串口观察麦克风的数据。

拓展任务

制作一个简易声控灯。

硬件连接

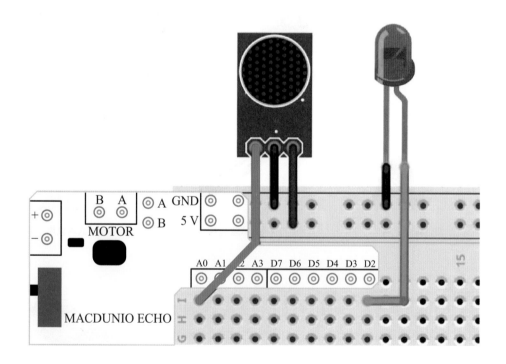

6 声光控灯

实物连接

按照上图所示连接器件,麦克风的 AO 连接到芯片的 A0 端口,LED 灯连接 D2 针脚。

程序示例

利用串口来观察麦克风的数据。静音情况下,数据在 500 左右,当检测到声音时,数据发生了跳变,既有增大的也有减小的,右侧波形图更加形象地展现出了声波的特性。

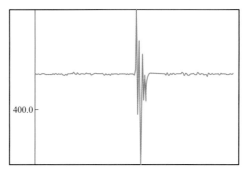

效果展示

由于声音的数据是上下波动的,我们以 500 为临界值对数据进行判断,如果偏离临界值,那么就判定为有声音。由于要判断两个条件,所以用到了"或者"语句,即只要有一个条件满足,就可执行程序;只有当两个条件都不满足,才不执行程序。

"执行"内语句是控制灯亮 3 s,然后熄灭,否则执行直接把灯关掉。

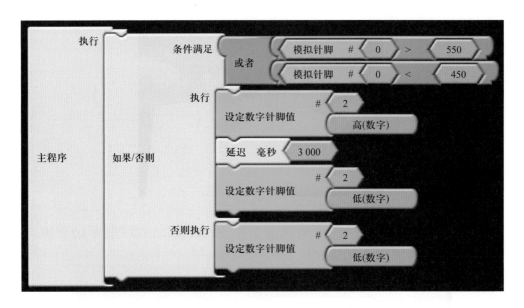

6-2　声光控灯

本节我们来了解光敏传感器在生活中的应用,并利用光敏传感器和麦克风完成声光控灯的制作。

目标

- 声光控灯
- 优先级概念
- 实战练习

声光控灯

  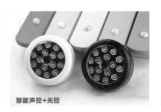 

声光控灯相对于普通电灯,它的节电率能够达到 90%,并且延长灯泡寿命 6 倍以上。

实战练习

基础任务

利用串口分析数据。

拓展任务

制作一个声光控灯。

硬件连接

在上节接线的基础上,增加一个光敏传感器,光敏的信号口 AO 接芯片的 A4 针脚。

程序示例

利用串口来观察光敏传感器的数据

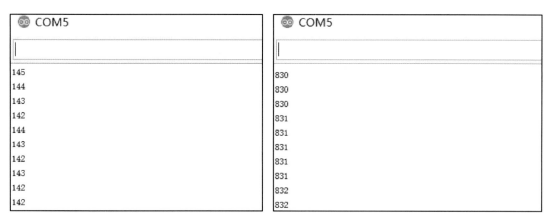

外界光线强	外界光线弱

外界光线越强,串口数据越小,据此编写条件语句。

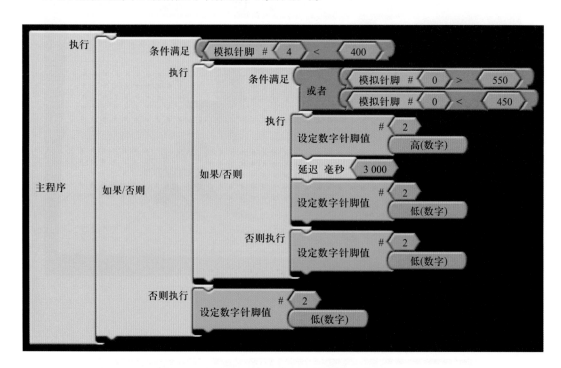

本小节增加一个光敏传感器,若要实现声光控灯,需要麦克风和光敏协同控制。

首先要判断谁的优先级更高。当外界光线强时无需开灯,如果光线变弱,无人的情况(即没有声音),也无需开灯,所以光敏优先控制。

在前述程序基础上增添新程序:在光控制循环内部嵌套一个麦克风控制循环,触发条件是光敏检测到光线弱于400,即可实现光线优于声音控制灯光。

6-3 功能优化

本节将在前述基础上,继续完善声光控灯,使其功能更加齐全,更加智能。

目标

- 螺旋电位器
- 实战练习

旋钮调光

旋转式电位器俗称旋钮,前述已知,它是一个可调电阻,我们可以通过转动它控制电流的大小。旋钮电位器中间是输出引脚连接 A0~A7,另外两个脚一般标有 + 号和 − 号。

实战练习

基础任务
通过串口查看旋钮数据。

拓展任务
1. 旋钮直接调节灯光亮度。
2. 制作一个可调亮度的声光控灯。

硬件连接

在前述接线的基础上,多接一个旋钮,旋钮的中间针脚,也就是信号输出端连接芯片的 A1 针脚,并且将 LED 灯的接线位置换成 D3 针脚,因为需要调光,所以根据模拟信号进行控制。

程序示例

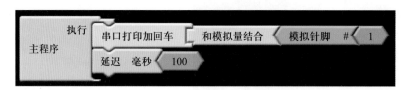

利用串口来观察旋钮的数据

效果展示

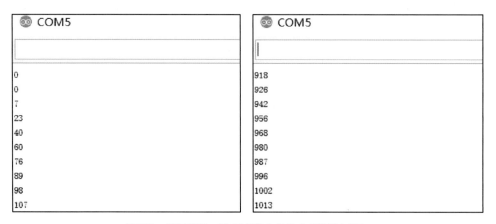

旋钮从一端扭到另一端,数值均匀地从 0 变化到 1 023。

6　声光控灯

程序示例

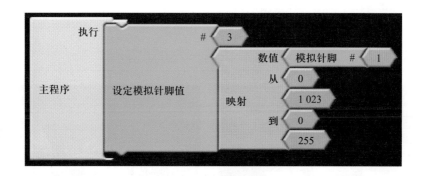

任务一:用旋钮直接控制 LED 灯,旋钮的数值范围是 0~1 023,LED 灯的亮度范围是 0~255,所以要用到映射程序块,将数据进行转换,这样就可以完美调光了。

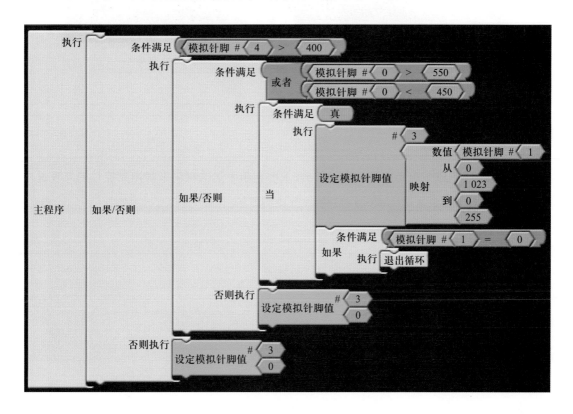

任务二:可调亮度声光控灯,在上节课程序的基础上,将两个否则执行的控制灯的程序改写成了设定模拟针脚数值为 0;将内侧循环的执行语句进行了改写,用到了"当"程序块("当"程序块和"如果"是类似的,条件不满足时,都是跳过程序执行后面程序;而条件满足时,"如果"是执行完内部程序,接着去执行后面程序,"当"是一直执行内部程序,除非碰到"退出循环"程

序块。)。

如果光线和声音两个判断条件都满足,就进入"当"的循环,旋钮可调光,只有当旋钮旋转到0的时候,才会跳出循环,再继续去检测外界的光线和声音。

效果展示

条件满足,灯亮起

条件不满足,灯熄灭

6-4 综合制作

前几节已经完成了声光控灯的功能部分,本节利用手边的材料来对声光控灯的外观进行制作。

目标

- 创意启发
- 外形制作步骤
- 实战练习

创意启发

在制作外观之前,先来欣赏一些创意台灯外形,找一找灵感。

实战练习

基础任务
根据自己的创意设计并制作台灯的外观。

拓展任务
将功能部分安装到台灯上。

示例最终效果图

用胶枪将三根木棒参差粘到一起,当作灯的中部支架,把它粘到 PVC 板的底座上,再用胶枪在顶端斜着安装一个顶部支架,最后再把灯带粘上去。

效果展示

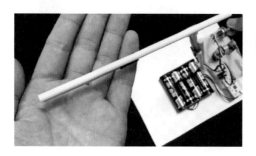 

6-5 单片机拓展提升

通过学习前面内容,我们完成了一个用 Arduino 制作声光控灯,接下来将通过 C 语言结合一款不同于 Arduino 的单片机来实现同样的制作。

目标

■ 单片机使用功能
■ C 语言程序实现

单片机使用功能

本次选用单片机型号为 STC8A8K64S4A12,选用元器件有声音模块、旋钮电位器、滑动变阻器、光敏传感器和 LED 灯,使用到单片机功能如下:

1. 模数转换(ADC)功能——声音模块、旋钮电位器、光敏传感器。

2. 基本输入输出(IO)功能——LED 灯。

先来认识一下声音模块,声音模块就是将接收到的声音转换为一种电信号,也就是模拟信号,然后通过单片机的 ADC 模块将这种模拟信号转换为数字信号。

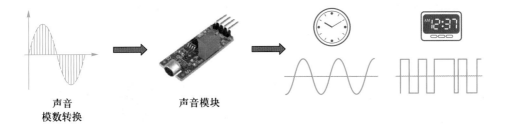

声音
模数转换　　　　声音模块

导图示例

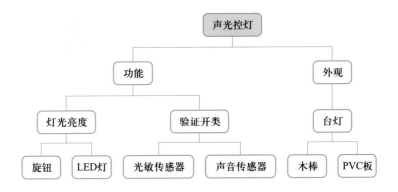

硬件连接

连接过程:首先是旋钮电位器的中间引脚接单片机的 00 引脚,剩余两个引脚分别接 VCC 和 GND,光敏传感器和声音传感器的 AO 引脚分别接单片机的 01 和 02 引脚,VCC 接电源 VCC, GND 接电源的地,LED 灯正极接单片机 10 引脚,负极接 GND。

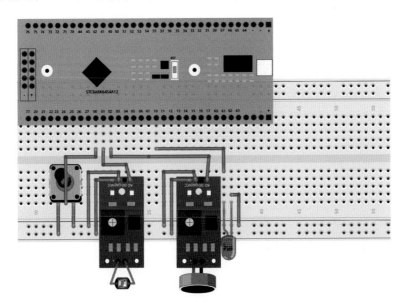

C 语言程序编写

根据系统设计思路,C 语言流程图如下所示:

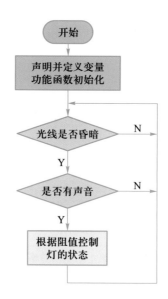

程序开始,声明变量、单片机功能初始化。初始化结束后进入主程序,首先通过光敏传感器检测光线的强弱。当光线较强时,返回继续检测光线强弱;当光线较弱时,继续通过声音模块检测声音。当声音模块采集到有声音变化时,则通过检测旋钮电位器的阻值来让灯在一定的亮度下点亮。

程序开始,首先是对各功能模块进行初始化,用如果否则语句判断,如果光敏传感器经过ADC 转换后的值大于某个值并且声音传感器经过ADC 转换后的值大于某个值或者小于某个值,说明光线不足,并且有人经过时发出了声音将旋钮电位器经 ADC 转换后的值传递给 PWM 函数,用来调节灯亮度,然后检测旋钮的值是否大于 500,如果大于就执行循环,用 PWM 调节灯的亮度;否则就停止在 while 中的循环,熄灭 LED 灯。另外当如果中的条件不成立时,LED 灯不亮。
C 语言程序代码实现如下:

```
#include "userhead.h"
int main（ ）
{
  int x=0;
  setclock（0）;               // 单片机设置时钟,必须执行
  ADC_init（0）;               // 初始化 ADC 模块
```

```
ADC_init(1);
ADC_init(2);
PWM_Init(4096,0,0x0f);              // 初始化 PWM
while(1)
{
    /* 如果光敏传感器经过 ADC 转换后的值大于某个值并且声音传感器经过 ADC 转换
       后的值大于某个值或者小于某个值,说明光线不足,并且有人经过时发出了声音 */
    if((ADC_read(1)>2600)&&((ADC_read(2)>3000)||(ADC_read(2)<500)))
    {
        while(ADC_read(0)>500)
        {
            x=ADC_read(0);          // 旋钮电位器经过 ADC 转换后的值保存到变量 x
            PWM_set(10,x);          // 通过 PWM 调节灯的亮度
            PWM_start( );           //PWM 输出
        }
        P10=0;
        PWM_stop( );
    }
    else
            P10=0;                  //LED 灯熄灭
}
}
```

接下来打开 Keil,通过 STC-ISP 导入到 Keil 的 C51 文件夹上,新建工程时选择芯片选择
STC MCU Database 目录下 STC8A8K64S4A12 单片机,新建工程并加入 C 语言文件后,编写以
下代码,或者直接打开附带的工程文件,完成后进行程序编译。

编译成功后将程序烧写到单片机上,观察效果。

基础任务

编写程序,实现声光控灯。

拓展任务

尝试添加开关,使灯也可以手动开关,同时添加红外传感器检测是否有人经过。

功能拓展

作品的基本功能已经实现,接下来拓展一下思维,让声光控灯变得更加智能,功能更加丰富。考虑一个问题,街上的路灯,由于外面的环境比较嘈杂,如果使用声音检测,干扰可能会很大,那么如何解决呢? 我们可以尝试添加红外传感器检测,人在探测区移动,灯持续点亮,人离开探测区一段时间后,灯自动熄灭。

7　多功能风扇

7-1　多功能风扇

　　风扇是人类一个里程碑式的发明,本节我们将首先了解乘凉方式的变迁及电流的磁效应,并认识本次创意制作的一个重要器件——电机。

视频 7.1　多功能风扇

目标

- 乘凉方式的历史变迁
- 电流的磁效应
- 实战练习

乘凉方式的历史变迁

　　历来中国有"制扇王国"之称,汉族的扇文化有着深厚的文化底蕴,扇子最初被称为"五明扇",据传是虞舜所制。

　　随着时代的变迁,机械风扇走进了我们的生活。1830 年,一个叫拜伦的人发明了发条风扇,但是这个风扇使用起来非常麻烦,刚凉快一小会儿,就要爬着梯子为风扇上发条,很不实用。到了 1880 年,美国人舒乐首次将叶片直接装到电动机上,接上电源以后,叶片飞速转动,阵阵凉风扑面而来,这就是世界上第一台电风扇。

到了 1902 年,空调被发明了出来,这也标志着人类在乘凉方式上的一大进步,它的发明者是威利斯·开利。

思维拓展

威利斯·开利(Willis Haviland Carrier,1876 年 11 月 26 日——1950 年 10 月 7 日),美国工程师及发明家,是现代空调系统的发明者,开利空调公司的创始人,因其对空调行业的巨大贡献,被后人誉为"空调之父"。

电流磁效应

奥斯特

磁针偏转

1820 年,奥斯特发现了电流磁效应,他认为电和磁之间可以相互转化。在一次实验中,他将一个通电的导线靠近了一个小磁针,发现磁针发生了偏转,无论在它们之间加上玻璃、木板还是石块,都不会产生影响。所以说,通电的导线会产生一个磁场,会影响磁针的偏转。

电动机

电动机根据电流磁效应制造而来,通电导线在磁场内会受到力的作用,因此通电后电机便可以转动。

电动机的应用也是异常广泛,从天上飞的无人机,到地上跑的电动汽车,再到家用电器洗衣机等,几乎覆盖了所有领域。

实战练习

基础任务

学会使用多种编程方式来控制电机。

拓展任务

用阶梯速度控制电机。

硬件连接

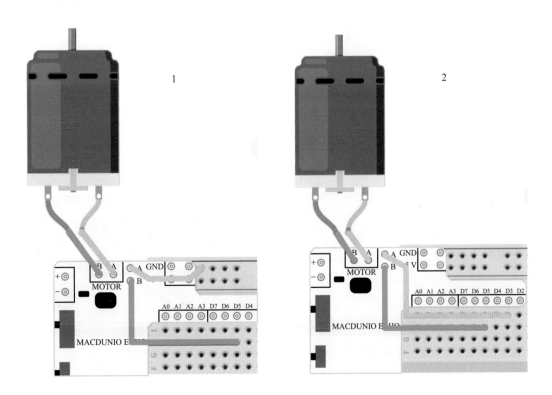

实物连接

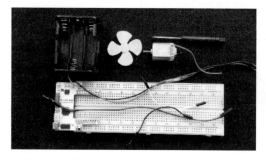

（一）准备材料。电机,扇叶,6 节电池盒,一字螺丝刀和杜邦线。

（二）将杜邦线的一端插到电机上,另一端用螺丝刀固定到芯片绿色接线端子上,两根线的顺序随便。

（三）杜邦线一端接到电池盒上,另一端接到芯片的蓝色接线端子上。(注意,电池盒的红色线对应的是电源正极,所以相应的杜邦线应该接到蓝色端子的正极上,另一端接负极。)

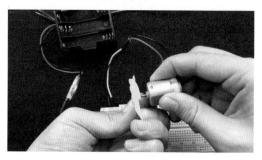

（四）为电机安装扇叶。

（五）在安装电池之前,把芯片的开关拨到下方,使其处于关闭状态。

（六）连接杜邦线,按照第一种控制电机的方式来接线。

7 多功能风扇

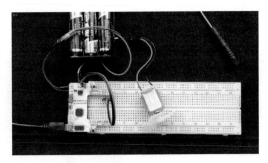

（七）按照第二种控制电机的方式来接线。

程序示例

以第一种接线方式控制电机，程序只需要一个设定模拟针脚即可，调节数值可以控制转速，但缺点是电机只能朝一个方向转动。

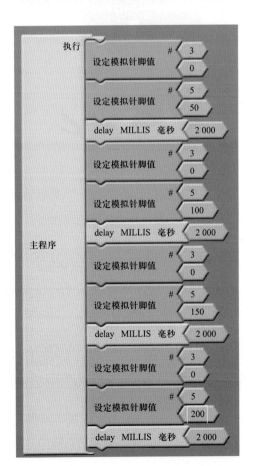

以第二种接线方式控制电机，程序需要两个设定模拟针脚，一个调节成 0，另一个数值越大，电机转速越快。这种接法可以实现正反转，即把两个端口的数值进行对调即可。

此程序是以阶梯方式控制电机转速，电机的速度分别是 50、100、150、200，每个变速时间间隔为 2 s。

效果展示

第一种接线方式控制电机

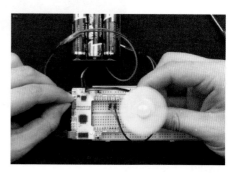

第二种接线方式控制电机

风扇在生活中的应用

风扇是电机的一个常见应用,在生活中很容易发现它的身影。上述两图,一个是吸油烟机,另一个是电脑主机的散热风扇,都用到了电机。那么你还知道风扇在其他地方的应用吗?

调查与研究

接下来做一个调查,看看你都能在哪些物品上找到风扇,把它们写到下面的表格里。

应用风扇的物品	作用

7 多功能风扇

7-2　温度预警灯

本节来了解温度传感器在生活中的应用,并利用温度传感器来制作一个温度预警灯。

视频 7.2　温度预警灯

目标

- 生活中的温度感知
- 认识温度传感器
- 实战练习

生活中的温度感知

1. 博物馆:文物对于环境温度要求比较高。比如一些字画,只有在适宜的温度下,才能够存放更长的时间。

2. 医药领域:疫苗或菌苗等生物制品,在运输与储藏的过程中,需要严格的温度把控,这样才能保证药品的接种效果。

3. 食品:食品的储藏与运输也是需要严格把控,只有在保证恒定温湿度的情况下,才能防止食品变质。针对这种情况,利用传感器来实时地监控温湿度变化,这样就能把食品安全地送到消费者餐桌上。

4. 农业生产:比如蔬菜的生长,它需要一个适宜的温湿度环境,这样可以保证蔬菜长势良好。从而保证农业生产的产量和质量。

温度传感器

 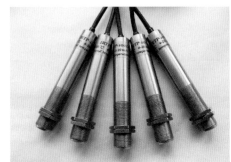

温度传感器,是指能感受外界温度并转换成可用输出信号的一种装置,一般转换为电信号。

17世纪初,温度传感器还未出现,但是人们已经开始利用温度进行测量了。温度传感器是最早被开发,应用最广泛的一类传感器,它的市场份额大大超过了其他传感器。前面提到的那些领域都需要对温度进行控制,那么温度传感器必不可少地在其中扮演了非常重要的角色。

思维拓展

冷链物流(cold chain logistics)泛指冷藏冷冻类食品在生产、贮藏、运输和销售等各个环节中始终处于规定的低温环境下,以保证食品质量,减少食品损耗的一项系统工程。

它是随着科学技术的进步、制冷技术的发展而建立起来的,是以冷冻工艺学为基础、以制冷技术为手段的低温物流过程。

基础任务

利用串口观察传感器的数据。

拓展任务

制作一个温度预警灯。

硬件连接

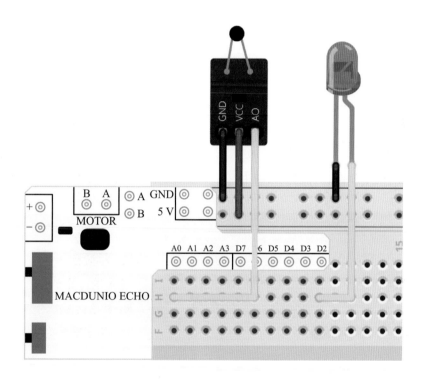

程序示例

利用串口来观察温度传感器的数据

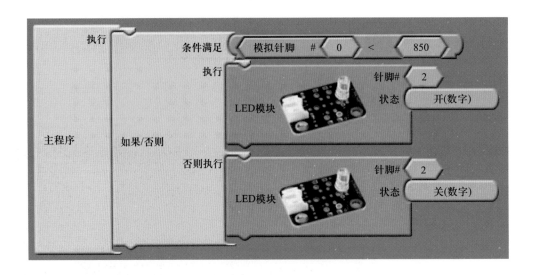

```
⊙ COM3
930
936
935
936
935
934
908
899
889
877
872
871
866
865
861
860
860
860
```

在静置情况下,串口传回的数据在 930 左右,当用手捏住黑色的探头时,数据随着温度的升高而逐渐减小。所以,温度越高,数据越小。

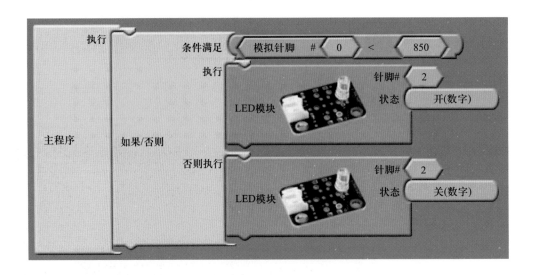

通过温度传感器来控制灯的亮与灭。当数据小于 850 的时候,灯亮起;大于等于 850 的时候,灯熄灭。

效果展示

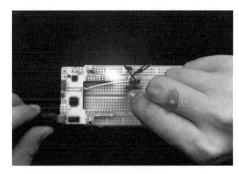

温度升高,灯亮起

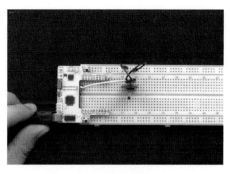

室温,灯熄灭

温度传感器温度标定

温度传感器在使用前需要标定温度测量的基准值。前面我们通过看串口的数据得出,传感器检测到的温度越高,传回来的数据越小,下面利用温度计来对传感器进行温度的标定。

学习与探究

首先需要同学们准备一个温度计,一个纸杯,温度传感器,胶带还有水。

方法:

1. 用胶带将温度传感器探头粘到纸杯底部,要保证探头与底部完全接触。

2. 向杯内注入少量热水,一边用温度计测量水温,一边记录串口的数据。

3. 依次加入少许凉水,同样的方式进行测量并记录数据。

4. 相同温度下,串口数据要记录三次,并取平均值

水温	测量次数	串口数据	串口数据均值
	1		
	2		
	3		
	1		
	2		
	3		
	1		
	2		
	3		
	1		
	2		
	3		

7-3　功能优化

视频 7.3　功能
优化

本节我们将利用前面学过的知识,来完善风扇的功能,使其使用起来更加方便,更加智能。

目标

- 风扇功能优化
- 实战练习

风扇功能优化

前面我们已经学习了电机控制和温度传感器,如何使风扇根据需求来调节转速,那么就需要给它装上旋钮和温度传感器。

思维拓展

无叶风扇是英国人詹姆士·戴森发明的,原来它被称为"空气增倍机",这款新发明比普遍电风扇降低了三分之一的能耗,更因为它抛弃了传统电风扇的叶片部件,创新了风扇的造型,使风扇变得更安全、更节能、更环保。因此,无叶风扇被美国科技杂志评为了 2009 年的全球十大发明之一。

基础任务

利用旋钮控制电机。

拓展任务

为系统加上温度传感器。

硬件连接

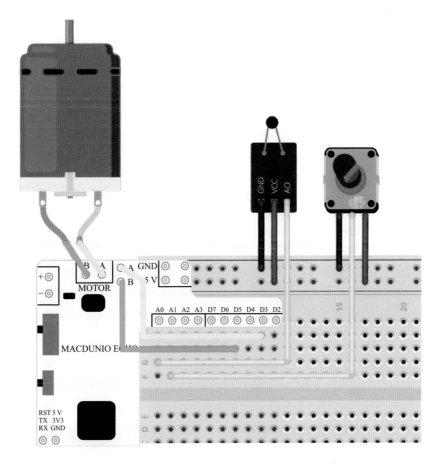

程序示例

效果展示

旋钮未转动

转动旋钮调节转速

程序示例

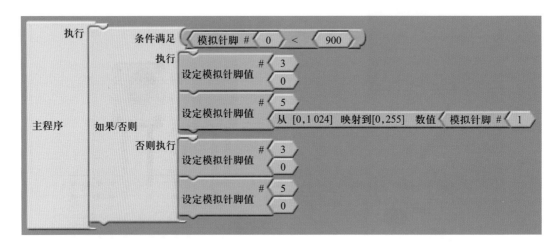

当温度传感器数据小于 900 时,也就是温度高于某一个数值,电机开始工作,可用旋钮调节转速;当数据大于等于 900 时,电机停止工作。

效果展示

直接调解旋钮,电机未转动

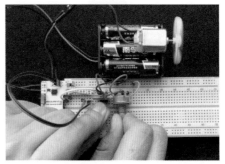

捏住温度传感器调节旋钮,电机转动

7 多功能风扇

7-4 综合制作

前几节,我们已经完成了风扇的功能部分设计,本节利用手边的材料对风扇进行外观制作。

视频 7.4 综合
制作

目标

- 外形设计
- 外形制作步骤
- 实战练习

外形设计

在制作之前,先来欣赏一些创意风扇的产品。

基础任务

根据自己的创意设计制作风扇的外观。

拓展任务

将功能部分安装到风扇上。

最终效果图

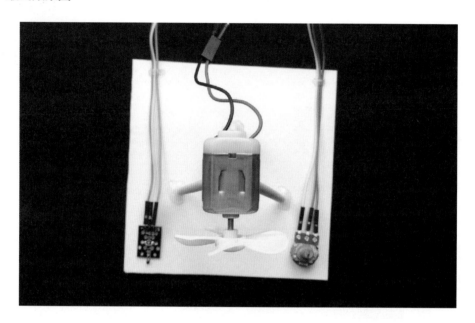

材料准备

需要准备材料如下：

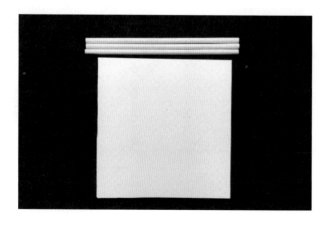

15 cm 的木棒 3 根，
一块长 13 cm、宽 13 cm
的正方形 PVC 板。

制作过程

此制作过程,需要用到胶枪,所以同学们需要戴上手套,保护双手。

(一)确定位置。先在 PVC 板上确定一个三角形,拿两个木棒,底端放到三角形的任意两个角上,木棒顶端靠在一起。

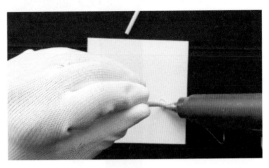

(二)固定第一根木棒。如图,用胶枪把木棒固定在 PVC 板上,左手要捏住两个木棒,等到完全固定后才可放开。

(三)固定第二根木棒。同样的方式,用胶枪将木棒底端固定在 PVC 板上。

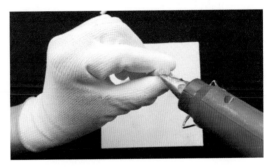

(四)固定顶端。两个底座固定好后,用胶枪固定木棒顶端,使其连接在一起。

(五)固定第三根木棒。同样的方式固定底部和顶端,完成以后,三根木棒呈现三角支架的形状。

(六)最终效果展示。

改造与优化

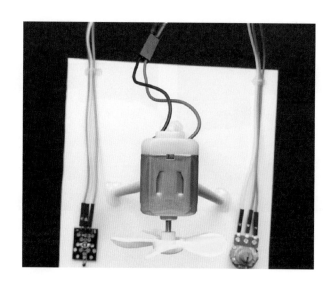

多功能风扇已经制作完成了,接下来需要同学对作品进行改造与优化,给大家提供几点想法:

1. 结合前面给出的风扇图片,为风扇设计一个更漂亮的外观。
2. 将风扇改造成一个风扇帽子。
3. 为系统安装一个光电传感器,当被遮挡,风扇停止转动,避免伤到手。
4. 给风扇加装工作指示灯。

上述想法仅供参考,不做硬性要求,提倡大家发挥自己的想象力进行创意的改造。

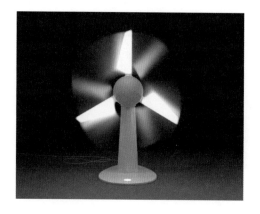

7-5 单片机拓展提升

前面通过 Arduino 图形化编程实现了多功能风扇的作品制作,本节将在单片机控制的基础上通过 C 语言编程实现同样的制作。

视频 7.5 多功能风扇单片机 C 语言

目标

- 单片机使用功能
- C 语言程序编写
- 功能拓展

单片机使用功能

本次选用单片机型号为 STC8A8K64S4A12,选用元器件有温度传感器、旋钮和电机,使用的单片机功能如下:

1. 模数转换(ADC)功能——温度传感器、旋钮。
2. PWM 功能——电机。

电机驱动

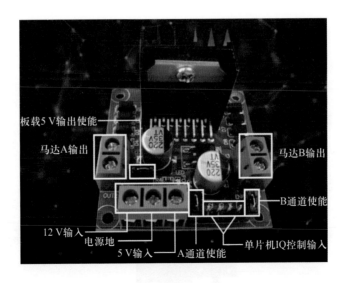

使用电机前,首先需要了解一下电机驱动模块。STC8A8K 单片机有一个特点是低功耗,所以它的驱动能力不强,也就是如果直接连接电机,单片机输出的功率不能使电动机正常转动,所以需要电机驱动电路。如上图所示,本项目中使用 L298N 驱动模块,首先驱动模块需接 5V 工作电压,GND 接地,12V 为电机输入电压,单片机 IO 控制输入即接入单片机 PWM 功能的引脚,马达 A 输出接电机两个引脚,用来驱动电机。

导图示例

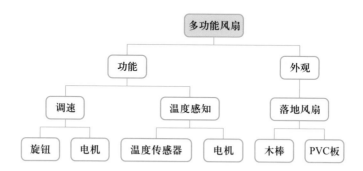

硬件连接

连接过程:旋钮电位器的中间引脚接单片机的 01 接口,两边的引脚分别接地和 VCC,温度传感器的 AO 引脚接单片机的 02 引脚,VCC 接电源的 VCC,GND 接电源的地,电机的一端引脚接单片机的 10 引脚,另外一端接地。

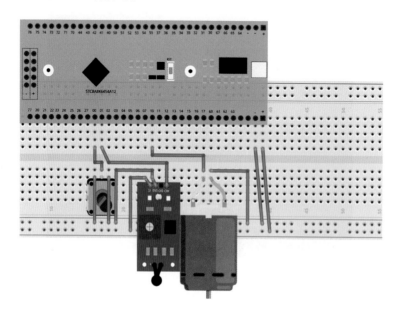

C 语言程序编写

根据系统设计思路,C 语言流程图如下所示:

程序开始需要考虑变量的声明、单片机功能的初始化。初始化结束后进入主程序,然后根据温度传感器的检测值来判断是否起动电机。当温度低时判断为不起动电机;当温度高时判断为起动电机,并且通过旋钮电位器来控制电机的转速。

C 语言程序首先定义变量 x,然后初始化时钟、ADC 模块和 PWM 功能,然后进入循环,将滑动变阻器经过模数转换后的值保存到变量 x,此时进行条件判断。如果温度传感器经过模数转换后的值小于某个值,则根据旋钮电位器的输出信号对风扇进行调速,将旋钮电位器输出信号经过模数转换的值设置 PWM 函数中的占空比,进而实现调节电机的转速;否则电机停转。

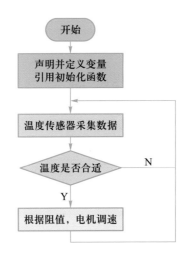

C 语言编程代码如下:

```c
#include "userhead.h"
int main( )
{
    int x=0;                    // 定义变量
    setclock(0);                // 单片机设置时钟,必须执行
    ADC_init(0);                // 初始化 ADC 模块
    ADC_init(1);
    PWM_Init(4096,0,0x0f);      // 初始化 PWM
    while(1)
    {
```

```
        x=ADC_read(0);           // 将 ADC 转换后的数值存放到变量
        if( ADC_read(1)<330)      // 当温度传感器的值小于一定值时
        {
            PWM_set(10,x);        // 通过变量 x 中的值设置 PWM 占空比,控制电机转速
            PWM_start();          // 启动 PWM
            Delayms(2000);
        }
        else
        {
            PWM_stop();
            P10=0;
        }
    }
}
```

C 语言程序编写完毕。打开 Keil,通过 STC-ISP 导入到 Keil 的 C51 文件夹中,新建工程时
芯片选择 STC MCU Database 目录下 STC8A8K64S4A12 单片机,新建工程并加入 C 语言文件后,
编写以下代码,或者直接打开附带的工程文件,完成后进行程序编译。

编译成功后将程序烧写到单片机上,观察程序执行结果。

基础任务

编写程序,实现多功能风扇。

拓展任务

尝试给风扇添加 LED 灯用于照明。

功能拓展

现在作品的基本功能已经实现,接下来给风扇加入
LED 灯用于照明。这样,在炎热的晚上,风扇就可以作为一
个小台灯了。

如何让多功能风扇变得更加智能,功能更加丰富呢? 比
如加上音响可以播放歌曲,加入灯光可以照明,还可以加入
蓝牙连接手机进行开关控制和功能选择。

8 多功能水培箱

8-1 多功能水培箱

"民以食为天",食品安全问题一直不能忽视。本章来制作一个多功能的水培箱,给我们种植的蔬菜提供一个更加合适的生长环境。

目标

- 食品安全
- 导图示例
- 实战练习

食品安全

食品安全是"食物中有毒、有害物质影响人体健康的公共卫生问题",具体指食品无毒、无害,符合应有的营养要求,对人体健康不造成任何急性、亚急性或者慢性危害。保障食品安全需要我们每天对所需食用的粮食作物、蔬菜、水果、饮用水等严加管控,进行规范化、创新型种植,倡导绿色食品观念,创造人与自然的和谐相处。

比如说,我们每天吃的蔬菜水果,就面临着类似的问题,绝大部分被喷洒过农药,如果不经过彻底的清洗,残留的农药进入人体,会对人体造成危害。

思维拓展

　　绿色食品,是指产自优良生态环境、按照绿色食品标准生产、实行全程质量控制并获得绿色食品标志使用权的安全、优质食用农产品及相关产品。食品标志图形由三部分构成:上方的太阳、下方的叶片和中间的蓓蕾,象征自然生态。标志图形为正圆形,意为保护、安全。颜色为绿色,象征着生命、农业、环保。

导图示例

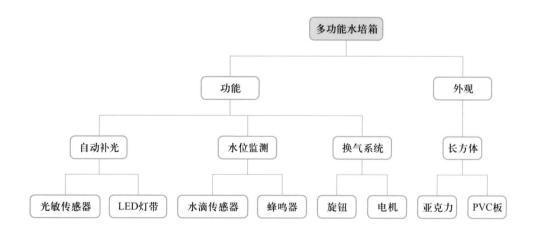

实战练习

基础任务

焊接灯带。

拓展任务

设计并制作一个智能补光系统。

硬件连接

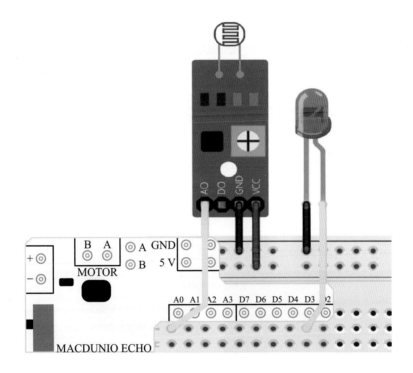

实物连接

　　首先需要同学们将灯带焊接好，然后根据接线图，将线路接好。

程序示例

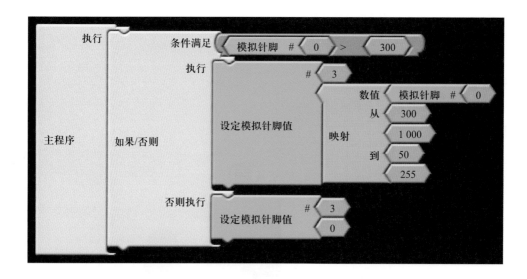

制作一个简单的智能补光系统,即 LED 灯随着外界光线的强弱改变自身亮度,从而到达智能调光的效果。实现此功能需要用到映射程序,根据测量结果,数据需从 300~1 000 映射到 50~255,同学们可以根据自己所处环境进行数据的采集与规定。

效果展示

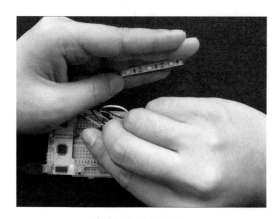
未遮挡住,外界光线强

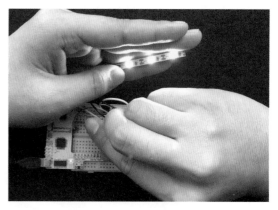
遮挡住,外界光线弱

8-2 水位监测系统

本节我们来了解水位在生活中的应用,并利用水位传感器来制作一个水位监测系统。

目标

无土栽培

无土栽培就是不用土壤,使用其他方式培养植物,比如水培、基质栽培、雾培等。

19世纪中期,W·克诺普等发明了这种方法。到20世纪30年代开始把这种技术应用到农业生产上。在二十一世纪人们进一步改进技术,使得无土栽培发展了起来。

水培是无土栽培最为常见的一种方式,它是让植物的根系直接与营养液接触。这种栽培方式有很多优点,幼苗生长迅速,根系发育好,节省肥料,并且易成活,便于我们科学规范的管理。

水位传感器

水位传感器是通过测量水没过传感器的高度,并将此信息转化成相应的电信号进行输出。

水位传感器广泛用于水厂、炼油厂、水箱、油罐等各种需对液体液位测量和控制的场所。

常见的家用全自动洗衣机,就是通过传感器检测水位是否已经达到预设位置,然后进行漂洗工序;楼房的供水系统也使用了水位传感器,可以保证居民的正常用水。

实战练习

基础任务

根据需求,通过串口测量,确定数值。

拓展任务

制作一个水位监测系统。

硬件连接

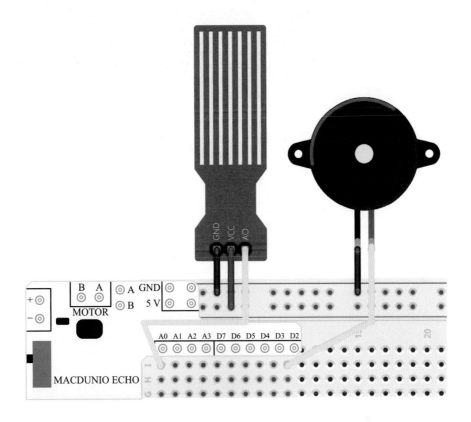

实物连接

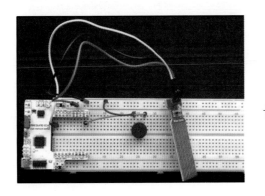

在外接水位传感器时,需用长的杜邦线,以便测量水位。

程序示例

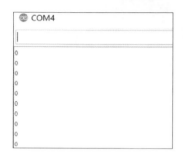

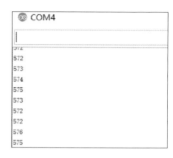

串口观察水位传感器的数据

水位传感器未接触水时,传感器返回值是 0,当它与水接触的面积增加时,数值会相应地增加,水没到最顶端时,数值为 578。

功能设计目的是当水位过低时,蜂鸣器发出声音。以 300 为临界值,水位值低于 300 时,蜂鸣器发出声音;大于等于 300 时,蜂鸣器静音。

8-3 换气系统

本节利用前面学过的知识,来增加风扇的功能多样性和智能化。

目标

什么是光合作用

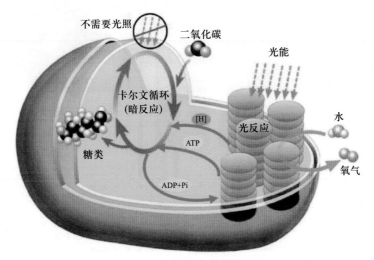

　　植物的生长需要进行光合作用,光合作用通俗来讲就是植物在光照的情况下,进行一系列的化学反应,将二氧化碳和水,转化成氧气和植物生长所需有机物的一个过程。这个过程是在植物的叶绿体中进行的。

　　光合作用是一系列复杂的代谢反应的总和,是生物界赖以生存的基础,也是地球碳－氧平衡(即二氧化碳与氧气的平衡)的重要媒介。

直到 18 世纪中期,人们一直以为植物体内的全部营养物质,都是从土壤中获得的,并不认为植物体能够从空气中得到什么。1880 年,美国科学家恩格尔曼(G. Engelmann, 1809—1884)用水绵进行了光合作用的实验,他的实验证明:氧是由叶绿体释放出来的,叶绿体是绿色植物进行光合作用的场所。

实战练习

基础任务
使用旋钮调节电机的转速。

拓展任务
将三个功能综合到一起。

硬件连接

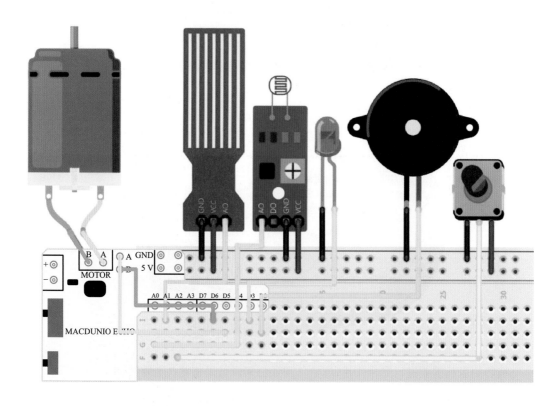

在前两节接线的基础上,增加了电机和旋钮,电机的 A、B 口分别接到芯片的 D5 和 D6 针脚,旋钮的信号口接 A2 针脚。光敏传感器和水位传感器的信号口分别接到 A0 和 A1 针脚上,LED灯接 D3,蜂鸣器接 D2。

实物连接

　　在外接电源的时候,需要先将芯片的开关关掉,如左图所示。然后将电池盒连接到芯片上,正、负极匹配好,最后再安装电池。

程序示例

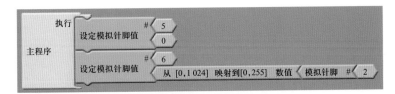

利用旋钮控制电机

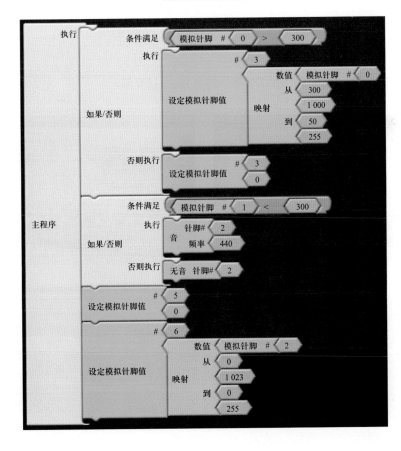

程序主要分为三部分,对应着三个功能,分别是光敏传感器控制 LED 的补光系统,水位传感器控制蜂鸣器的水位感知系统,旋钮电位器控制电机的排气系统。

8-4 综合制作

前面几节已经完成了水培箱的功能部分,本节利用手边的材料来对水培箱的外观进行制作。

目标

- 创意启发
- 外形制作步骤
- 实战练习

创意启发

在制作外观之前,先来欣赏一些水培箱的外形,找一找灵感。

实战练习

基础任务

根据自己的创意设计并制作水培箱的外观。

拓展任务

将功能部分安装到水培箱上。

示例最终效果图

　　水培箱的制作分为两部分,一部分是水培槽,另一部分就是水培箱外观。在制作之前,同学们先要戴上手套,保护双手。

效果展示

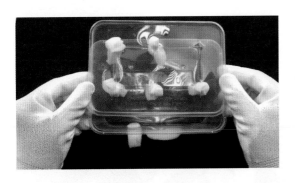

　　水培槽使用一次性的塑料饭盒,用刻刀在上面刻出 6 个均匀的孔,在每个孔里面都塞进去海绵。

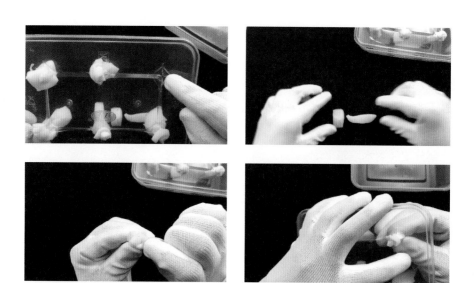

每个孔塞进去的海绵,都是由两块组成的,分别为 1 cm*1 cm*5 cm 和 2 cm*3 cm*0.5 cm 的长方体。裹成长条状扁平地塞进洞里,便于我们放置种子。

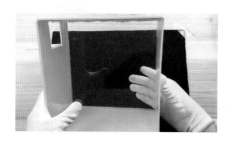 

水培箱外形由亚克力板和 PVC 板构成,前后两面用了两块 20 cm*20 cm 的透明亚克力,上下左右包裹用的是 13 cm*20.5 cm 的 PVC 板,左侧开了一个孔(6 cm*6 cm)并做成了一个通风口,方便放置电机,右侧的 PVC 板当作水培箱的门。

最终效果展示

8　多功能水培箱

8-5 单片机拓展提升

前面通过 Arduino 图形化编程实现了水培箱的 LED 灯、旋钮电位器、有源蜂鸣器、直流电机、光敏传感器及湿度传感器控制,本节将在单片机控制的基础上通过 C 语言编程实现水培箱的控制。

目标

■ 单片机硬件电路实现
■ C 语言程序实现
■ 实现水培箱

单片机使用功能

本次选用单片机型号为 STC8A8K64S4A12,选用元器件有 LED 灯、旋钮电位器、有源蜂鸣器、直流电机、光敏传感器及湿度传感器,使用的单片机功能如下:

1. 基本输入输出(IO)功能——有源蜂鸣器。
2. 模数转换(ADC)功能——光敏传感器、旋钮电位器、水滴传感器。
3. 脉冲波形发生器(PWM)功能——LED 灯、直流电机。

基本输入输出(IO)功能、模数转换(ADC)功能前述课程已经提及,不再进行过多赘述。有源蜂鸣器内部集成了振荡源,只需要提供对应的电平信号就能工作,因此有源蜂鸣器使用单片机的 IO 功能。

有源蜂鸣器

有源蜂鸣器和无源蜂鸣器的简易区别方法:

有源蜂鸣器和无源蜂鸣器的根本区别是对输入信号的要求不一样,有源蜂鸣器工作的理想信号是直流电,通常标示为 VDC 或 VDD 等。因为蜂鸣器内部有简单的振荡电路,能将恒定的直流电转化成一定频率的脉冲信号,从而实现磁场交变,带动铝片振动发音。但是,某些有源蜂鸣器在特定的交流信号下也可以工作,只是对交流信号的电压和频率要求很高,这种工作方式一般不采用。

无源蜂鸣器内部没有驱动电路,也称为讯响器,国标中称为声响器。无源蜂鸣器工作的理想信号是方波。如果是直流信号,蜂鸣器不会响应,因为磁路恒定,钼片不能振动发音。

硬件连接

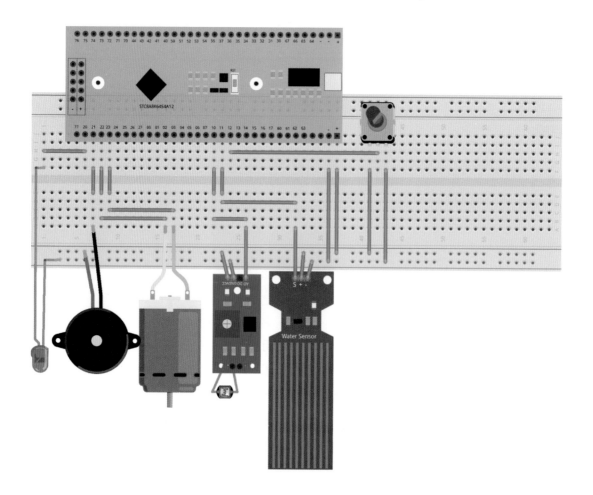

连接过程:LED 灯接单片机的 20 引脚,有源蜂鸣器接单片机的 21 引脚,单片机的 22、23 引脚接直流电机两端,光敏传感器的 AO 口接单片机的 10 引脚,水滴传感器的 S 端接单片机 11 引脚,单片机 12 引脚接旋钮电位器中间引脚,光敏传感器、水滴传感器和旋钮电位器的 VCC 接电源正极,GND 接电源负极。

C 语言程序编写

根据系统设计思路,C 语言流程图如下所示:

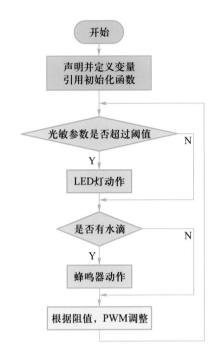

程序开始,声明变量、单片机功能初始化。初始化结束后进入主程序。主程序中,光敏传感器控制 LED 灯,水滴传感器控制蜂鸣器,旋钮电位器控制直流电机,三组控制各不干扰,相互独立,程序循环直至达到判别条件才结束。

先调用基本的头文件,然后构建主程序。主程序中,初始化 PWM 功能用于控制 LED 灯与直流电机;初始化 10、11、12 引脚为 ADC 功能,用于采集光敏传感器、水滴传感器和旋钮电位器的值;然后进入主循环,采集 10 口光敏传感器的值控制 20 口的 LED 灯,21 口雨滴传感器的值控制有源蜂鸣器,再通过旋钮电位器的值控制直流电机程序循环判断执行。

```
#include "userhead.h"
int main( )
{
  PWM_Init(4100,0,0x0f);      //PWM 初始化
  ADC_init(10);               // 光敏传感器 ADC 读取初始化
  ADC_init(11);               // 水滴传感器 ADC 读取初始化
  ADC_init(12);               // 旋钮电位器 ADC 读取初始化
  while(1)
{
    if(ADC_read(10>1000)    // 光敏传感器控制灯
```

```
    {
        PWM_set(20,ADC_read(10));
        PWM_start( );
    }
    else{
        PWM_stop( );
    }
    if(ADC_read(11)<1000)          // 水滴传感器控制蜂鸣器
    {
        P21=1;
    }
    else{
        P21=0;
    }
    PWM_set(22,ADC_read(12));    // 旋钮电位器控制电机
    P23=0;
    }
}
```

通过 STC-ISP 将"keil 仿真设置"下"添加型号和头文件到 keil 中"把 ATC8A8K64S4A12 的头文件导入到 Keil 的 C51 文件夹上,打开 Keil,新建工程时芯片选择 STC MCU Database 目录下 STC8A8K64S4A12 单片机,新建并加入 C 语言文件后,将代码复制到文件中,或者直接打开附带的工程文件,完成后进行程序编译。

基础任务

编写程序,实现水培箱。

拓展任务

1. 尝试添加温度传感器控制直流电机。
2. 尝试传感器之间形成更高效的逻辑关系。

功能拓展

基于单片机控制的水培箱已经完成,现在可以尝试对它进行参数调整。可以加上温度传感器来检测水温,当温度不适合植物生长时,风扇自动打开或关闭,调整水培箱内温度。发散思维,

如果想让水培箱内的作物生长得更加健壮健康,应当提供给它什么样的环境? 比如湿度、光线强度、二氧化碳浓度、温度和水中电解质浓度等,处于什么样的范围,才更加符合植物的需要? 而当某个条件不达标准时,怎么才能将其调整到最佳的状态?

同学们不必仅仅局限于盆栽,适时地头脑风暴,发挥一下想象力,加入一些组合可能有出其不意的效果,比如在水培箱的外边放养几条小鱼,既可以用鱼缸的水给盆栽提供一定的养分,盆栽又能反馈给鱼氧气。希望可以有更多好的创意用于改变生活。

9 聪明的百叶窗

9-1 聪明的百叶窗

视频 9.1 聪明
的百叶窗

伴随科技的迅速发展,人类对生活的需求不断提高,我们居住的房子亦趋向于智能化发展,比如聪明的百叶窗,本节我们将了解智能家居的发展,学习百叶窗如何实现智能工作。

目标

- 了解智能家居
- 百叶窗的历史及原理
- 头脑风暴及思维导图绘制

智能家居

智能家居是以住宅为平台,利用综合布线技术、网络通信技术、安全防范技术、自动控制技术和音视频技术集成在家居生活的相关设备中。

构建高效的住宅设施与家庭日程事务的管理系统,提升家居安全性、便利性、舒适性、艺术性,并实现环保节能的居住环境。

与普通家居相比,智能家居不仅具有传统的功能,还兼备建筑、网络通信、信息家电、设备自动化,提供全方位的信息交互功能。

基于智能手机的智能家居系统

　　基于智能手机的智能家居系统属于新兴产业技术,利用人们随身携带的智能手机与中央控制器进行交互,并在中央控制器的控制下,通过相应的硬件和执行机构,实现对家电的远程控制和家庭内部状况的实时监测。

百叶窗的历史及工作原理

百叶窗历史

　　百叶窗是窗子的一种式样,起源于中国。中国古代建筑中,有直棂窗,从战国至汉代都有运用。直条的被称为直棂窗,还有横条的,叫卧棂窗。

思维拓展

Sesame 智能门锁:在汽车行业应用广泛的远程操控门锁,在普通家庭用户中很少见到,但这款 Sesame 智能门锁就可以让普通用户体验到远程操控门锁的乐趣,它采用蓝牙连接手机进行操控,还可以安装 Wi-Fi 模块,实现互联网远程操作,任何开关门动作都可以完整记录下来,并通过网络传送至用户手中。

卧棂窗即百叶窗的一种原始式样,也可以说它是百叶窗的起源。百叶窗窗棂做斜棂,水平方向内外看不见,只有斜面看才可看到。

古时候人们做的木制窗棂,主要是用它来达到通风和空气流通的目的,而近代百叶窗经过种种改良,已经集众多功能于一身,适用于各种建筑。

工作原理

百叶窗看似简单,但其实里面的结构也很复杂,我们生活中常见的百叶窗有两种形式,手动百叶窗和电动百叶窗。

手动百叶窗使用手动旋钮或推杆带动内部连接杆移动实现叶片的翻转功能,叶片可以实现 0~105° 的翻转角度,当叶片旋转至 90° 时,可获得最大的通风效果,当叶片完全闭合,可阻挡暴雨和灰尘的侵袭。

电动百叶窗常被用于办公场所,以其简洁明快而深受欢迎,适用于办公大楼、会议室、体育场、家庭住宅等场所。电动百叶窗通过使用直流电机带动叶片升降代替传统百叶窗手拉的传动方式,具有突破性的创新,使其在操作过程中更加简便和随心所欲。电动百叶窗可以有效地阻隔

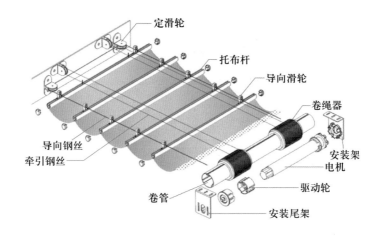

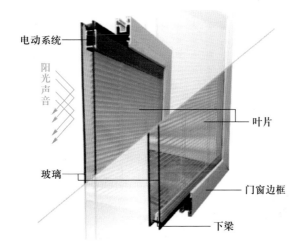

紫外线及阳光直射,防止"温室效应"的产生,有利于整个楼宇的保温隔热效果,环保节能。

思维导图

　　根据聪明的百叶窗主题,同学们先进行头脑风暴,写出自己独特的想法,并把其通过创意分类表分类,然后挑选出有意义且可行的想法。

　　把想法梳理归类,分析其需要完成的步骤及各步需使用的器件材料,然后构建自己的思维导图。

实战练习：舵机舞蹈

基础任务

编写程序，控制舵机转动。

拓展任务

按照自己的想法控制舵机转动。

硬件连接示例

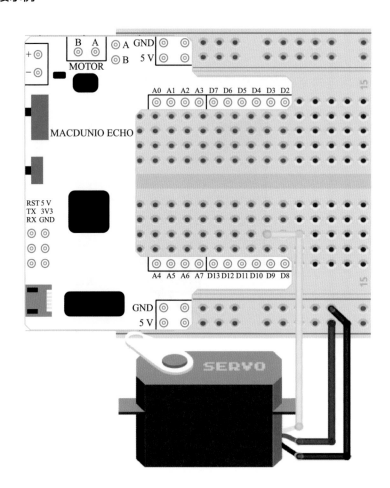

软件编写示例

9 聪明的百叶窗

控制舵机程序块如下图所示,针脚号是舵机信号口所对应的接口,角度是舵机所转动的角度值,范围值是 0~180°。

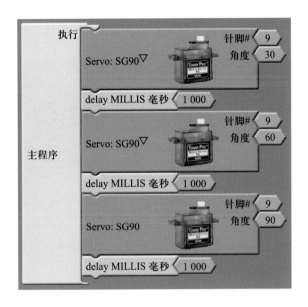

如上图所示程序,控制舵机转动的三个角度分别是 30°、60°、90°,转动到每个角度时停顿1 s,无限循环。

9-2　感知世界

想让我们的百叶窗变得聪明,需要一些器件可以感知窗外和窗内的环境变化,这些器件我们称之为传感器,根据其返回值能让百叶窗做出相应改变,本节我们来认识和学习几种传感器。

视频 9.2　多样的传感器

目标

- 了解并使用传感器
- 硬件连接及程序编写

光敏传感器

光敏传感器是利用光敏元件将光信号转换为电信号的传感器。它是目前最常见的、产量最多、应用最广的传感器之一。如图所示，最简单的光敏传感器是光敏电阻，当光子冲击接合处就会产生电流。

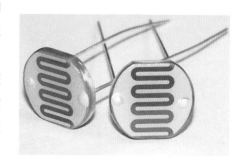

光敏传感器主要应用于太阳能草坪灯、光控小夜灯、照相机、监控器、光控玩具、声光控开关、摄像头、防盗钱包、光控音乐盒、生日音乐蜡烛、音乐杯、人体感应灯、人体感应开关等电子产品光自动控制领域。

雨滴传感器

雨滴传感是通过雨滴的冲击力度，或是电容变化，或是光亮变化进行检测，并把这个信号变成相应的电信号。

雨滴传感器应用于汽车自动刮水系统、智能灯光系统和智能天窗系统等。汽车在雨雪天行驶时，车窗易被雨滴、雪片遮挡，妨碍驾驶员的视线。设置自动刮水系统，其中的雨滴传感器用于检测降雨量，并利用控制器将检测出的信号进行变换，根据变换后的信号自动地按雨量设定刮水器的间歇时间，以便随时控制刮水器电动机，确保了行车的前方视野。

实战练习

基础任务

1. 通过屏幕显示光敏传感器的检测数据。
2. 通过屏幕显示雨滴传感器的检测数据。

拓展任务

光敏传感器控制舵机转动。

硬件连接实例

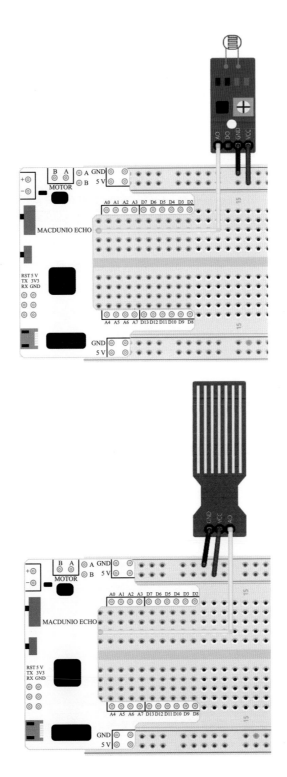

软件编写实例

利用以上程序块实现串口信息显示,利用以下程序块完成模拟量的结合。

传感器信号接口全接 A0 口,通过串口查看传送回来的数据,每查看一次,延时 200 ms,无限循环。

9-3 功能完善

视频 9.3 功能
完善

上节介绍了如何运用光敏传感器和雨滴传感器获取环境光照强度和雨水情况数据,舵机的简单控制,而想要让百叶窗变得聪明,我们还需要更深入地学习,本节我们学习如何精确地处理获取到的数据。

目标

- 了解映射的概念
- 学会使用滤波的方法
- 硬件连接及程序编写

映射

映射是指两个元素集之间元素相互"对应"的关系。比如我们生活中常见的锁和钥匙的对应关系,每个学生和相应学号的对应关系等。

在这里,我们需要把光敏传感器采集的数据和要控制的执行器舵机的转角实现一一对应。传感器检测值的范围从 0 到 1 024,舵机转动的值从 0 到 180。

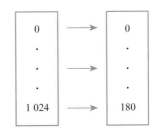

思维拓展

示波器是一种用途十分广泛的电子测量仪器。它能把肉眼看不见的电信号变换成看得见的图像,便于人们研究各种电现象的变化过程。模拟示波器利用狭窄的、由高速电子组成的电子束,打在涂有荧光物质的屏面上,就可产生细小的光点。数字示波器则是数据采集后,将模拟信号经 ADC 转换为数字信息,存储后重构显示波形及相关参数。

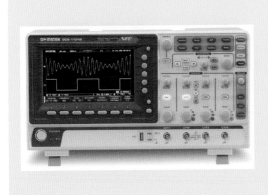

滤波

滤波是从含有干扰的接收信号中提取有用信号的一种技术。简单地说就是将信号中特定波段频率滤除的操作。

滤波是抑制和防止干扰的一项重要措施。例如用雷达跟踪飞机,测得的飞机位置的数据中,含有测量误差及其他随机干扰,如何利用这些数据尽可能准确地估计出飞机在每一时刻的位置、速度、加速度等,并预测飞机的走向,就是一个滤波与预测问题。

滤波在图像处理中也有重要应用。图像滤波,即在尽量保留图像细节特征的条件下对目标

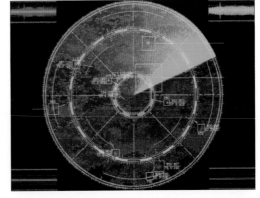

图像的噪声进行抑制,是图像预处理中不可缺少的操作,其处理效果的好坏将直接影响到后续图像处理和分析的有效性和可靠性。

光强数据滤波

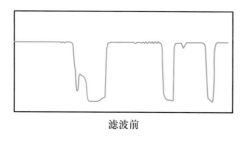 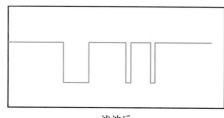

滤波前   滤波后

实战练习:功能完善

基础任务

1. 将光强数据进行滤波处理后控制舵机。
2. 光敏和雨滴传感器协同控制舵机。

拓展任务

控制舵机的同时,将两个传感器的数据回传。

硬件连接

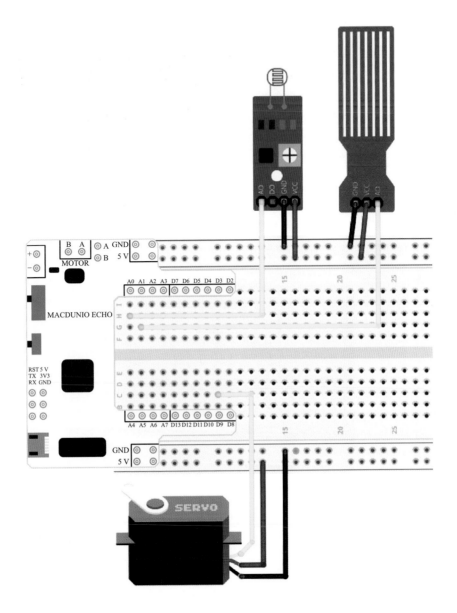

程序编写

在以上两个映射程序块的"数值"位置放置传感器的信号接口,实现数据映射。上面程序块实现固定值的映射,从0~1 023映射到0~255。下面程序块的映射是可编辑的,"从"和"到"这两个位置放的值就是起始值的范围和映射值的范围。

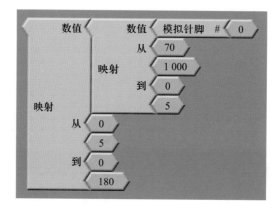

如上图所示程序块先把采集回来的数据(70~1 000之内的)分成5部分,再把这5部分分配到0~180°的角度上去。这样我们就做出了一个简单的滤波程序,其目的是消除舵机的抖动,因为传感器传回来的值是不停地跳变的,如果不进行滤波,舵机就会不停地抖动。

如果/否则程序块，"条件满足"位置放置相应的判断条件，"执行"和"否则执行"放置相应的执行程序块，如果条件满足，就走"执行"；如果条件不满足就走"否则执行"。

模拟针脚 A1 连接雨滴传感器，通过串口观察数据，无水时雨滴传感器为 0，有水时为 500 左右的一个值，所以设临界值为 400，当数值小于 400 时就判断没水，大于 400 时判断有水。

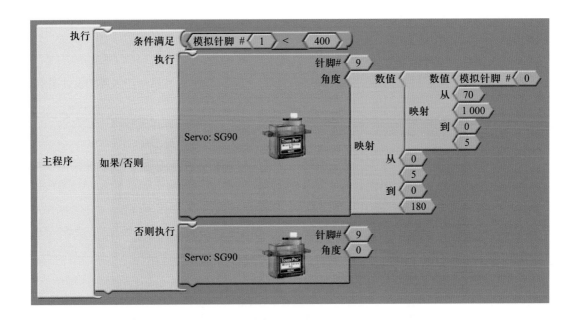

所以对于上面的程序来说，雨滴传感器的优先级要高于光敏传感器。当有雨水时，舵机一直处于 0° 状态；当晴天时，光明光敏传感器才能控制舵机。

9-4 外观制作

视频 9.4　外观
制作

上节已经实现了怎么让百叶窗变得聪明,本节来动手设计并制作一个聪明的百叶窗,看它是否满足我们的设计要求。

目标

- 外形设计
- 学会裁切 PVC 板
- 硬件连接及程序编写

外形设计

前面已经了解了百叶窗的工作原理,在我们自己动手制作之前,先欣赏一些经典的设计案例。

裁切 PVC 板

开始制作之前,我们需要准备以下材料:手套、PVC 板、美工刀、铅笔、橡皮、直尺、牙签、细绳、热熔胶枪等。下面我们开始学习如何裁切 PVC 板:

1. 戴手套:裁切过程需用到美工刀,开始之前将手套带好,以免伤到自己。

2. 选材测量与划线:根据每位同学设计的百叶窗样式和叶片大小,裁切之前,需要确定每个叶片的大小和数量,比如 2 cm*13 cm 的叶片。所需准备材料是一块较大的 PVC 板,首先用直尺测出所要裁切的叶片宽度,将直尺的零刻度对齐 PVC 的一侧边缘,保持直尺垂直放置,测量出需要的叶片宽度,并用铅笔沿着直尺轻微画出一条痕迹线或者宽度标记,便于裁切,然后将直尺逆时针旋转 90°,保持直尺水平放置,直尺零刻度对齐 PVC 的宽度标记,裁切出需要的叶片长度,并用铅笔沿着直尺轻微画出一条痕迹线,便于确定叶片尺寸。

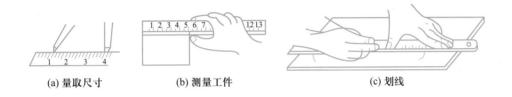

(a) 量取尺寸　　　　　(b) 测量工件　　　　　(c) 划线

3. 握刀:所需裁切的 PVC 板属于微硬质材料,需要采用食指握法:食指放在刀背上,手掌抵住握柄,这样能更有效地进行裁切。

另外,美工刀在使用时,刀口伸出应该在 10 mm 左右,以刀片一格为标准,刀片如果伸出太长,会影响操作而且容易伤到手。在使用美工刀时,美工刀与桌面成 30° 角是最安全的,而且手指不能放在切刀通过的地方,手指头也不能伸出尺外,避免危险情况的发生。

4. 裁切:根据第二步测量铅笔画出的线,用直尺护住要留下的部分,左手按住尺子,要适当用力保持裁切时尺子不会歪斜,按第三步的握法,握好美工刀,找准力度,先沿划线用刀尖从划线起点用力划向终点,为保证充分裁切,可重复此操作,直到 PVC 板被彻底裁开。

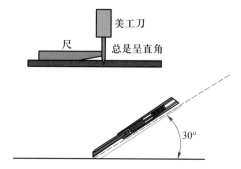

裁切完成素材展示

素材长 13 cm,宽 2 cm。

实战练习:百叶窗外观制作

基础任务

1. 把百叶窗外观制作完成。
2. 将功能部分的器件安装到百叶窗上。

拓展任务

根据自己的创意来完善作品的外观。

外观制作示例

百叶窗上的叶片,可以用牙签做轴,方便叶片转动。

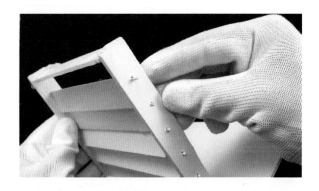

窗框两边打一些孔,便于牙签固定。

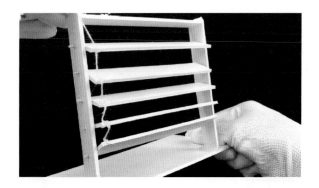

百叶窗打开时的状态。

百叶窗闭合时的状态。

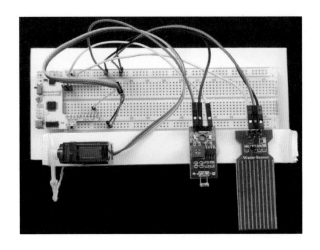

将功能元件安装到了百叶窗上。

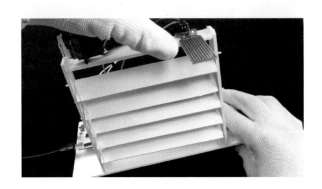

没有水滴时,光敏传感器将数据传给芯片,芯片控制舵机,从而决定百叶窗的开合。

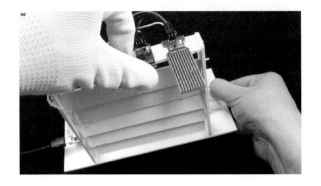

例如有水滴的时候,舵机转角是 0°,百叶窗一直处于闭合状态。

9-5 单片机拓展提升

前面通过 Arduino 图形化编程实现了百叶窗光敏传感器、雨滴传感器及舵机控制,本节将在单片机控制的基础上通过 C 语言编程实现百叶窗的控制。

视频 9.5 聪明的百叶窗单片机 C 语言

目标

- 单片机控制实现
- C 语言程序实现
- 功能拓展

单片机及其使用功能

本次选用单片机型号为 STC8A8K64S4A12,选用元器件有湿度传感器、光敏传感器、舵机,使用的单片机功能如下:

1. 基本输入输出(IO)功能——光敏传感器。
2. 模数转换(ADC)功能——湿度传感器。
3. 脉冲波形发生器(PWM)功能——舵机。

基本输入输出(IO)功能、模数转换(ADC)功能在之前已经提及,不再赘述。脉冲波形发生器可以生成一定占空比的方波。

脉冲波形发生器(PWM)

脉冲波形发生器(PWM)功能是输出一定占空比的脉冲波形。SG90 舵机工作时需 50 Hz 的脉冲波形为电信号,脉冲波形的峰值时间在 0.5~2.5 ms,从而控制舵机进行 0°~180° 的转动。

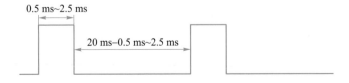

硬件连接

将已搭建好的 Arduino 控制电路替换为单片机控制电路,并把编写好的 C 语言程序烧写至单片机。

连接过程:舵机信号线连接 20 引脚,光敏传感器 D0 端接单片机 11 引脚,雨滴传感器连接单片机 10 引脚,将单片机、舵机、光敏传感器、雨滴传感器的电源、地线相互连接。

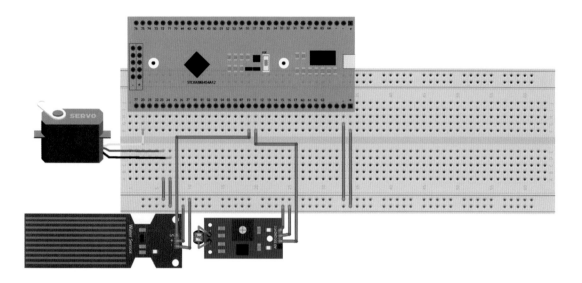

C 语言程序编写

根据单片机程序设计思路整理 C 语言主程序:

在程序的开始需要考虑变量的声明、单片机功能的初始化,然后进入主程序对雨滴传感器和光敏传感器进行检测,最后根据检测结果控制舵机,经短暂延时后继续循环。

首先声明一个 int 类型变量 a,用来存放读取雨滴传感器的模拟值。由于过程中无需其他变量,因此结束声明。

其次,功能实现采用光敏传感器、雨滴传感器和舵机,而光敏传感器使用的是数字信号,不需要初始化,因此只需对舵机和雨滴传感器进行初始化。

初始化完成后,由于雨滴传感器的优先级比光敏传感器的更高,所以在主程序中应优先运行雨滴传感器,即将光敏传感器运行条件嵌套在雨滴传感器运行条件内,设置对应条件的舵机角度值,并在循环的最后添加一个 0.3 s 的舵机反应时间,结束主程序。

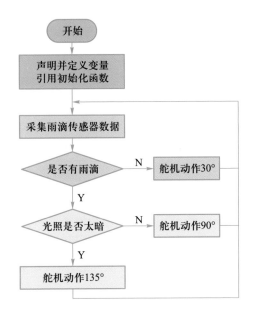

程序代码实现如下：

void main（ ）

{

  int a；   // 用来记录模拟量的变量

  PWM_Init（ ）；   // 舵机初始化

  ADC_Init（ ）；   // 模数转换初始化

  while（1）   // 循环

  {

    a=ADC_Read（ ）；   // 读取模拟量

    if（a>100）   // 判断雨滴传感器是否检测到雨滴

    {   // 检测到雨滴

      PWM_SET（30）；   // 舵机偏转 30°#

    }

    Else   // 没检测到雨滴

    {

      if（P11==1）   // 判断光线强度

      {   // 当光线太暗

        PWM_SET（135）；   // 舵机偏转 135°#

      }

```
        else
        {                              // 当光线太亮
            PWM_SET(90);               // 舵机偏转到 90°#
        }
    }
    Delay(300);                        // 给予舵机 0.3s 的间歇时间 #
    }
}
```

通过 STC-ISP 将"keil 仿真设置"下"添加型号和头文件到 keil 中"把 ATC8A8K64S4A12 的头文件导入到 Keil 的 C51 文件夹上,打开 Keil,新建工程时芯片选择 STC MCU Database 目录下 STC8A8K64S4A12 单片机,新建并加入 C 语言文件后,将代码复制到程序中,或者直接打开附带的工程文件。完成后进行程序编译。

基础任务

编写程序,实现聪明的百叶窗。

拓展任务

1. 修改不同情况舵机偏转值。
2. 尝试添加元器件。

功能拓展

基于单片机控制的百叶窗已经完成,现在我们可以尝试对它进行参数调整了。

对注释行中带"#"的行中代码参数更改,调整舵机的偏转角度及舵机反应时间。

之前我们已经学习了按键、旋钮电位器,请同学们自行尝试添加按键与旋钮电位器相关程序与实物连接实现相应功能:通过按键选择百叶窗工作模式;第一种工作模式为传感器控制模式,第二种工作模式为通过旋钮电位器调控百叶窗打开程度。

同学们可以开拓自己的思维,仔细考虑百叶窗还可以添加哪些功能与模块,让百叶窗更加"智能"!

 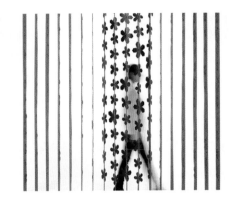

    盛开的百叶窗是日本著名设计师佐藤大的作品,当人靠近它时"花瓣"会逐渐展开,像一面贴着花瓣的墙装点着空间,垂下的窗帘干净利落,不仅有装饰的作用,也完全不会遮挡了光线,而这些"花瓣"其实是一层形状记忆合金,通电时形状记忆合金就会产生电阻并产生热量将薄膜推向外,最终形成花的形状。

    当人们路过或者天气炎热时,百叶窗缓缓绽开,不仅美观,还可以有效地控制室内光线,将艺术与生活完美融合。

10　智能停车场

10-1　智能停车场

随着科技的迅猛发展,汽车已经走进千家万户,成为人们出行的必备方案。但汽车的大量使用,随之而来的是复杂的停车问题,为了解决停车场停车的相关问题,这几节课我们来完成智能停车场的设计。

目标

- 城市停车问题
- 完成停车场自动道闸功能

停车会遇到什么样的问题

假如你是一名普通工人,通过自己的辛勤工作终于挣钱买了辆小轿车,想平时上下班的时候能节省些时间,自己生活更轻松一些。但是由于同一个公司里有车的人实在太多了,每次上班在停车场找车位耽误很多时间,等停下车时上班都快迟到了,这可把人可愁坏了。为什么没有一个更加方便和高效的停车方式呢?

你遇到的问题其实是现代社会非常普遍的一个现象，随着人们收入不断提高，买车的人不断增加，因此停车需求也相应增加。但是城市中的交通十分拥挤，没有足够停车场地，再加上停车场设计不合理，因此造成了停车困难等一系列问题。

停车场结构

通过分析理解停车场结构，对其改造，让停车场更加智能、方便，从而改善停车难的问题。

停车场是供车辆停放的场所，主要分为入口、出口、行驶道、车位、收费系统以及管理员值班室等结构。

停车位一般有三种设计方式：垂直式、斜列式、平行式停车。不同车型还要根据车辆的尺寸综合设计车位的大小。

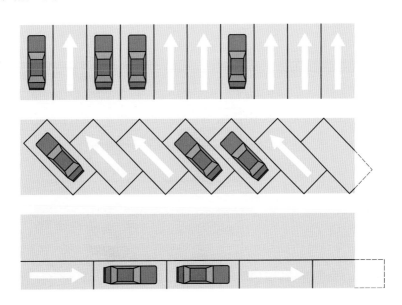

根据停车场的基本构造,可以将出入口设计、车道设计以及停车位的设计加入智能化功能,以此提高停车效率。

实战练习

任务

利用光电传感器与伺服电机完成自动道闸控制。

硬件连接示例

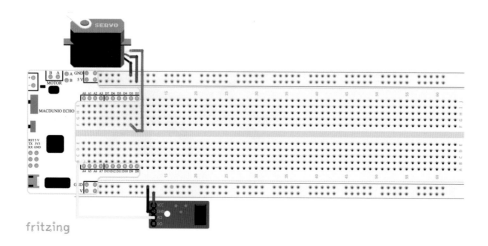

材料准备:核心控制器、面包板、1 个伺服电机、1 个光电传感器、导线若干。

软件编写示例

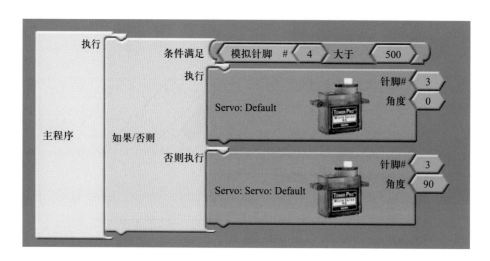

自动道闸任务由检测车辆和开启道闸两部分组成,通过光电传感器检测的数值即可判断是否有车辆靠近,在车辆靠近时,控制伺服电机转动相应的角度即可开启道闸。

如何设计道闸的结构

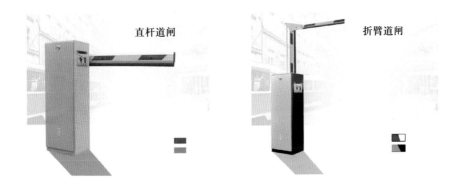

道闸的主要功能就是控制车辆的出入,需要实现打开、关闭两种动作。最简单的道闸结构就是直杆道闸,设计时只需在舵机转动轴上安装一根直杆。还有一种常见的道闸结构是折臂道闸,道闸杆分两部分,利用杠杆结构连接起来进行传动,类似胳膊的弯曲动作。

另一种道闸是栅栏道闸,这种道闸结构稍微复杂,像栅栏的形状,上下两部分栏杆可以同步转动从而抬起或释放道闸。

在实际设计道闸结构时,可以根据实际情况,选择道闸结构,也可以根据自己的创意设计独特的道闸结构。

10-2 综合调试

分析完停车问题之后,针对停车场的各部分结构做出相应改善,并将这些功能组合成一个整体,解决停车难的问题。接下来我们就来完成功能的综合调试。

目标

- 完善停车场的各部分功能
- 功能组合与调试

空闲车位提示

进入停车场时,首先要确认是否有车位可以停放,因此需要及时显示空闲车位信息,这也是车主想要的提示信息。

一般车位信息包括,楼层或区域信息、总车位数量、已占用车位数量、剩余车位数量等,通过这些信息,车主可以有效了解到停车场的停车情况,以及如何以最快的方式找到空余车位。

如何准确获取空闲车位信息,还需用到车位检测器。在每个车位安装好检测装置,可以有效地获取当前车位是否停车的信息,然后将信息准确

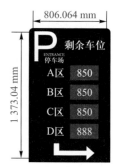

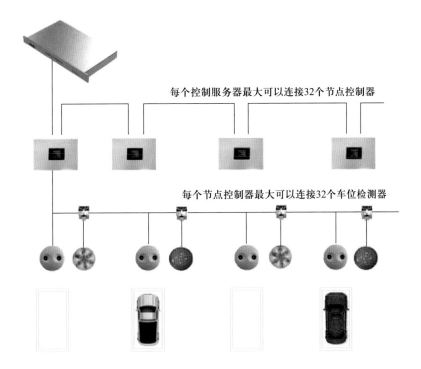

每个控制服务器最大可以连接32个节点控制器

每个节点控制器最大可以连接32个车位检测器

显示给将要停车的车主。

通过这种方式,可以更快捷有效地获取自己车位信息。

车位引导指示灯

停车时,当获取当前空余车位数量信息之后,车主便可以决定开始停车,接下来需要确认如何选择合适的车位以及停车路线,可以采用方位指示灯来智能提示到达车位的具体路线。

初步设计时,我们先以一到两个车位作为简易模型,进行验证。

思维拓展

智能停车系统:智能停车场电脑收费管理系统是现代化停车场车辆收费及设备自动化管理的统称,是将车场完全置于计算机管理下的高科技机电一体化产品。

智能停车场系统主要是对停车场出入口,停车场内寻找车位及停车收费等实现智能化、自动化的功能。具有车位实时数据采集、状态监控、车位查找、停车绑定、在线支付及执法监管等强大功能。

任务

1. 空闲车位提示。

2. 车位引导指示灯。

硬件连接示例

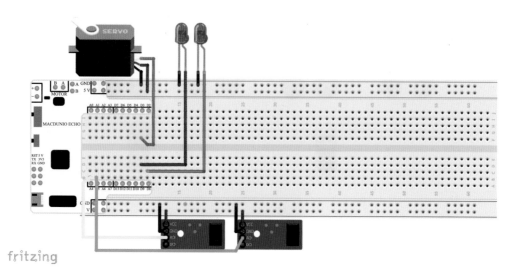

材料准备:核心控制器、面包板、2 盏 LED 灯、1 个伺服电机、2 个光电传感器、导线若干。

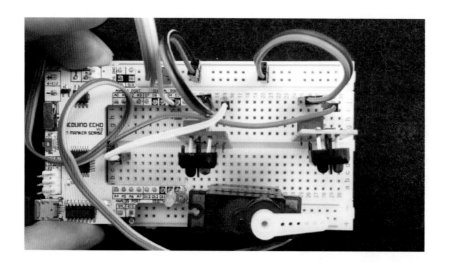

软件编写示例

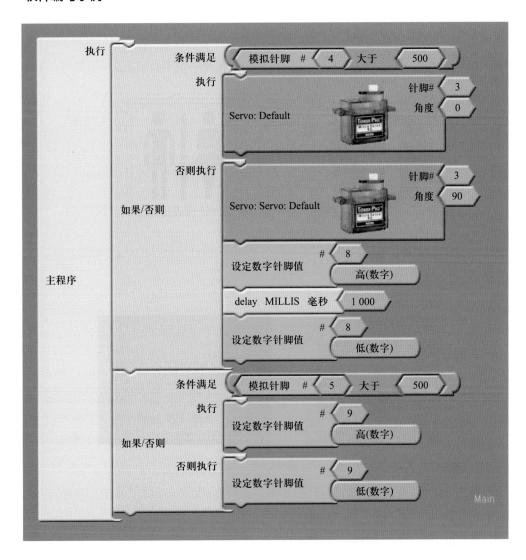

在实现自动道闸的基础上,完成指示灯的效果。

指示灯分为空闲车位指示灯和车位引导指示灯。车位引导指示灯安置在车道上,用于指示行驶方向,当车辆进入之后,车位引导指示灯亮起。由于停车场模型较为简单,只需要一个指示灯即可。

空闲车位指示灯安装在入口处,用于提示车位是否有车。首先通过车位旁边的光电传感器进行车辆检查,如果有车停靠,空闲车位指示灯亮起,否则指示灯熄灭。

怎样让指示标志更加醒目

日常生活中我们会见到各种各样的标志,标志可以快速地给人们提供各种各样的信息,而这些信息往往是与生活息息相关的。比如下图中的标志,大家一定不会陌生。

在完成空闲车位提示与车位引导指示灯两个功能时,设计好标志的提示内容,才能让提示标志更加醒目。

设计标志时,可以巧妙利用箭头、图案、文字、数字组合起来让标志显得更加清晰,但是一定要让设计的标志简洁明了,使人们一目了然。

设计好标志之后,再配合指示灯的效果,就可以让提示功能更加人性化。

10-3 外形制作

智能停车场的功能已经全部完成,但是在停车场内还会遇到各种各样的实际情况,接下来我们来制作一个停车场基本模型,将智能停车场系统实际应用到模型上。

目标

■ 完成基本外形制作

■ 安装电路并完成综合调试

停车场整体设计

设计停车场时要考虑如何提高空间利用率,也就是在有限的区域内停放更多的车辆。

根据停车场的位置不同,可分为地上停车场、地下停车场以及专用停车场等,不同的停车场适应不同的人群。

在设计模型时,首先考虑好整体尺寸的大小,根据具体尺寸设计底板,从底板上规划好不同的区域,比如门禁区域、电路安装区域、停车区域等。

完成停车场区域的规划之后,接下来要考虑好各种电子器件的安装方式。

光电传感器用于检测车位上是否停有车辆,要选择有效的测量位置安装;门禁处还要安装好伺服电机,以控制道闸起落。

实战练习

任务

完成模型制作与安装。

外形制作示例

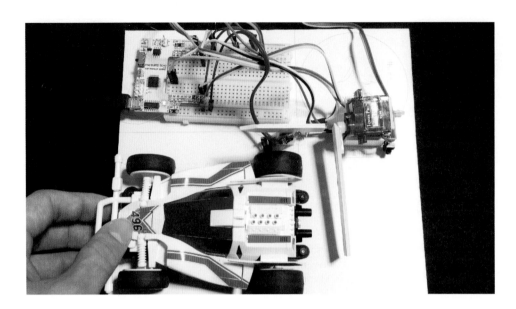

材料准备:PVC 板、木棒(可选)。

工具准备:刻刀、铅笔、胶枪、打孔器。

外形制作步骤

准备好制作所需要的材料和工具,接下来就可以开工啦!根据下面的制作步骤将基本模型完成,制作的时候也可以加入自己的创意,让它变得更独特。

步骤 1:
裁剪一块合适大小的 PVC 板作底板,并划分出电路、入口、车位及指示区域。

步骤 2:
制作一个指示牌标志,并用胶枪粘接到对应的位置。

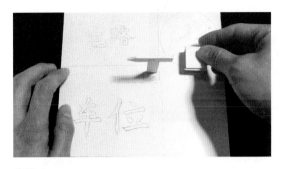

步骤 3：
制作一个道闸支架，并用胶枪粘接到对应的位置。

步骤 4：
将伺服电机粘接到制作好的道闸支架上。

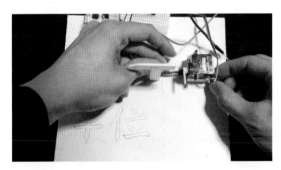

步骤 5：
安装入口处的车辆检测传感器。

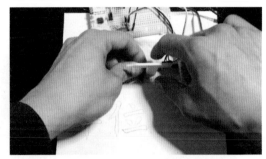

步骤 6：
安装车位处的车辆检测传感器。

步骤 7：
安装空闲车位指示灯。

步骤 8：
安装车辆引导指示灯。

步骤9：
最后用 PVC 板或木棒制作一个小长条，并用胶枪粘
接到伺服电机上，整个作品就完成啦。

改造与优化

停车场结构改善

随着城市的发展，停车场的车位紧缺，现在越来越多的停车场采用立体设计，这样可以节省
停车的空间。我们也可以根据这种立体停车的方式，对我们制作的智能停车场进行改造。

指示灯的优化

当设计的停车场规模比较大时,除了路口的引导指示灯,在车位顶部安装不同颜色的指示灯有利于司机在某个区域内快速寻找空闲车位,还可以根据车位情况形成一个智能路线图,通过网络传递给进入停车场的司机,让停车更加方便。

根据自己设计的停车场,提出一个改造方案,并最终完善自己的智能停车场。

10-4　单片机拓展提升

通过前面的学习,我们完成了一个用 Arduino 制作智能停车场的小作品,接下来我们将通过 C 语言结合一款不同于 Arduino 的单片机来实现同样的制作。

目标

- 单片机使用功能
- 程序的编写
- 功能拓展

单片机使用功能

本次选用单片机型号为 STC8A8K64S4A12,选用元器件有光电传感器和舵机,使用的单片机功能如下:

1. 基本输入输出(IO)功能——LED 灯。
2. 模数转换(ADC)功能——光电传感器。
3. 脉冲波形发生器(PWM)功能——舵机。

导图示例

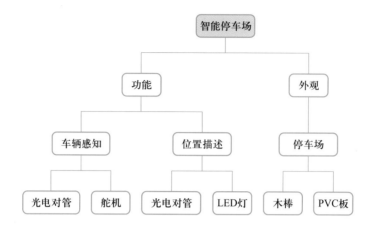

硬件连接

连接过程:两个光电对管分别连接单片机的 00 和 01 引脚,舵机的信号线接单片机的 10 引脚,两个 LED 灯分别接单片机的 11 和 12 引脚。

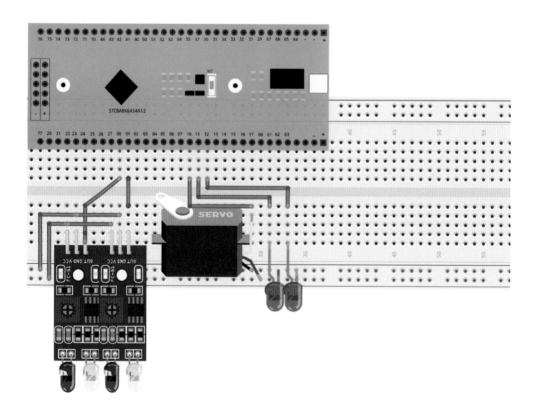

C 语言程序编写

根据系统设计思路,C 语言流程图如下所示:

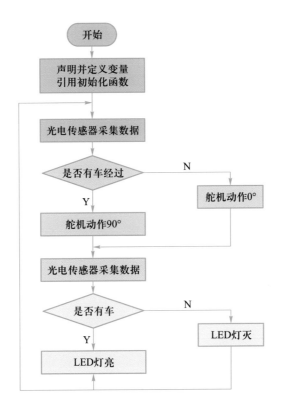

程序开始考虑变量的声明及单片机功能初始化,初始化结束后进入主程序通过光电对管检测到有无车辆,来控制舵机和 LED 灯,如果光电对管未检测到车辆,则返回继续检测。

在 C 语言程序实现中,主程序里要先对各个模块功能初始化,然后进入循环体,第一个如果否则意为当第一个光电传感器经过 ADC 转换后的值大于设定值时,说明此时没有车经过,就执行舵机 0°,否则就执行舵机 90°,第二个如果否则意为当第二个光电传感器经过 ADC 转换后的值大于或者小于设定值时,执行控制灯的操作。

```
#include "userhead.h"
int main()
{
    int x=0,y=0;
    setclock(0);              // 单片机设置时钟,必须执行
```

```
ADC_init(0);                    // 初始化 ADC 模块
ADC_init(1);
PWM_Init(300000,0,0x0f);        // 初始化 PWM
while(1){
    x=ADC_read(0);              // 将光电传感器经过模数转换后的值保存在变量 x
    if(x>2000)                  // 当 x 的值大于一个数值时,说明没有车经过
        PWM_duojiset(10,0);     // 舵机为 0°
    else{                       //x 的值不大于一定数值时,说明有车经过
        PWM_duojiset(10,90);    // 舵机为 90°
        P11=1;
        Delayms(1000);
        P11=0;
        }
    y=ADC_read(1);             // 将光电传感器经过模数转换后的值保存在变量 y
    if(y>2000)                 // 当 y 的值大于一个数值时
        P12=1;
    else
        P12=0;
    }
}
```

接下来打开 Keil,通过 STC-ISP 导入到 Keil 的 C51 文件夹上,新建工程时芯片选择 STC MCU Database 目录下 STC8A8K64S4A12 单片机,新建工程并加入 C 语言文件后,编写代码,或者直接打开附带的工程文件,完成后进行程序编译。

基础任务

编写程序,实现智能停车场。

拓展任务

尝试用 LED 提示落杆、升杆。

功能拓展

现在作品的基本功能已经实现,接下来拓展一下思维,让停车场变得更加智能,功能上更加方便。比如可以在停车场门口添加灯或者显示屏来提示停车场内是否有空闲车位,可以通过对

进入的车辆进行加一,对出来的车辆减一,这样就可以计算出停在停车场的车辆数目,来提醒停车场内有没有空闲的车位。

11　创意密码门

11-1　开放式社区

视频 11.1　创意
密码门

社区是城市基本空间的组成要素之一,不仅社区的布局和规模是城市空间结构的重要决定因素,而且社区居住生活也从内容上影响着城市的发展和兴衰,社区与城市之间存在着相互交融、相互支撑的关系。

开放式社区是近年来提出的新型社区概念,可以提高居住生活效率,实现社区与城市的良好发展。

目标

- 开放式社区的理念
- 开放式社区的安全问题分析
- 学会设计一幅高效的思维导图

封闭式社区与开放式社区

封闭式社区

封闭小区的形成是历史发展的产物,起源于 20 世纪 50 年代单位"圈大院",90 年代以来又兴起了封闭的住宅小区。

"大院"是指单位大院,城市里各个独立的单位圈一块地,建一个集办公生产、居住、后勤以及各项生活服务于一体的大院子,作为福利提供给职工,外人不能随便进出。封闭住宅小区延续了这种风格,社区独立用地,集中进行管理。目前封闭式社区依然是国内许多城市的基本构成之一。

开放式社区

开放式社区最典型的特点是没有围墙,住宅楼直接朝着大街小巷,便于人与人之间的沟通和交流。

沟通是和谐的前提,而开放式社区又是沟通的前提。年轻人由于压力大缺少沟通,老年人整体很孤独,也需要和周围的人沟通,而开放式的社区布局方式,既为社区提供了有层次、有规模的公共空间,同时又增强了人与人之间的交流。

开放社区更利于商业、社会、文化的发展,拥有源源不断前进的动力,融入开放理念才能让城市更加包容,更富创造力。

开放式社区经典案例

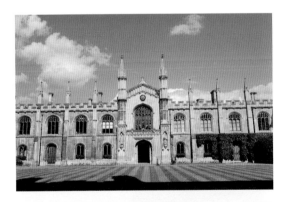

开放式社区的问题

开放社区的安全问题有哪些

1. 围墙打破怎样保障小区安全？

2. 小区交通安全该如何保障？

3. 乱扔垃圾、噪音污染等生活环境问题如何解决？

……

安全问题的解决方案

　　开放式社区打破了小区的围墙，但是要加强单元楼的安全防护。因此需要设计一款可靠性强且操作简便的创意密码门。

思维导图

　　根据创意密码门主题进行头脑风暴，写出自己独特的想法，并通过创意分类表将最有意义、最可行的想法挑选出来，然后绘制思维导图。

　　设计密码门要考虑两个重要的功能，一是密码获取，包括密码输入及密码设置；二是验证开门，包括密码校验和开门动作。完成这两个基本功能，才能保证密码门的基本运行。

设计外观可采用 PVC 及木条进行合理组合,加入适当的传动结构即可完成密码门外形。

实战练习:安全门控制器

基础功能
按键控制门开启关闭。

拓展功能
实现缓慢的开启与关闭动作。

硬件连接示例

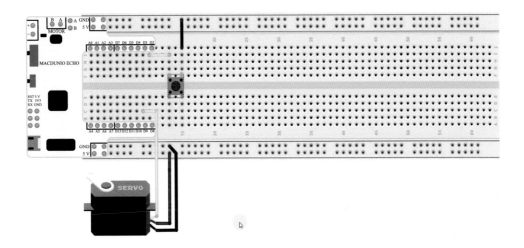

软件编写示例

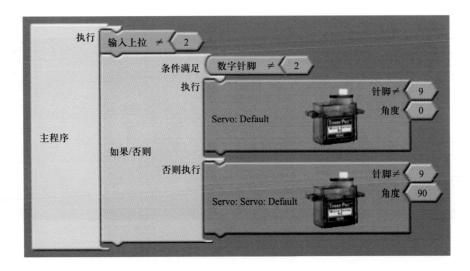

11-2 密码与变量

视频 11.2　密码
与变量

　　信息安全的概念在 20 世纪经历了漫长的发展阶段,进入 21 世纪,随着信息技术的不断发展与普及,信息安全问题日显突出。如何确保信息系统的安全已成为全社会关注的问题。

　　开放式社区同样存在信息安全问题,需要利用密码技术解决。

目标

- 什么是密码安全
- 了解加密方式
- 理解变量的概念与使用方式

密码安全

密码学简介

　　密码学是研究编制密码和破译密码的技术科学。研究密码变化的客观规律,应用于编制密码以保守通信秘密的,称为编码学;应用于破译密码以获取通信情报的,称为破译学,总称密码学。

　　著名的密码学者 Ron Rivest 解释道:"密码学是关于如何在敌人存在的环境中通讯"。密码学已被应用在日常生活:自动柜员机、电脑应用、电子商务等。

常见安全问题

财产安全

财产安全指拥有的金钱、物资、房屋、土地等物质财富受到法律保护的权利的总称。

人身安全

人身安全是指由于不当行为产生人身伤害的安全问题,人身伤害根据造成损害的原因,分为四个类型:自然灾害造成的人身伤害;意外事故造成的人身伤害;人为因素造成的人身伤害;不法侵害造成的人身伤害等。

隐私安全

隐私是一种与公共利益、群体利益无关,当事人不愿他人知道或他人不便知道的个人信息,隐私安全就是保证个人隐私不被泄露的安全问题。现在人们越来越重视隐私安全。

应用实例

思维拓展

　　网络安全:随着计算机技术的迅速发展,在计算机上处理的业务也由基于单机的数学运算、文件处理等发展到复杂的信息共享和业务处理。

　　因此计算机安全问题,应该像每家每户的防火防盗问题一样,做到防患于未然。当你想不到自己已经成为目标时,威胁就已经出现了,一旦发生,常常措手不及,造成极大的损失。

密码匹配

密码可以对信息进行加密,从而保护自身财产以及隐私安全。想获取加密后的信息首先要输入密码,进行密码匹配。

最简单的匹配方法是按位进行密码核对。这种方法如同积木复原游戏，游戏中需要对应形状复原积木块，而密码也需要一一对应才能匹配成功。

加密方式

加密是设计密码匹配方法，密码匹配越复杂，则加密方式越安全，下图中展示了几种典型的加密方式。

第一幅图是首藏头诗，将每句第一个字组合起来是"卢俊义反"，这就是加密信息。藏头诗是古代典型的加密方法。

第二幅图是达·芬奇的设计手稿，达·芬奇是欧洲文艺复兴时期的天才科学家、发明家、画家，为了不让人盗用手稿，他用左手写反字，使得一般人无法正确识别信息，起到很好的加密作用。

最后一幅图是摩斯密码，摩斯密码利用长短信号的组合，实现信息加密，这是一种应用非常广泛的加密方式。

加密方式各有不同，实际应用时要选取合理的加密方式，从而实现密码匹配功能。

密码的存储

密码匹配是输入密码与正确密码的核对过程，因此需要事先存储正确的密码才能进行匹配。

数据存储在芯片中，对数据的操作分为"读"和"写"，芯片工作时需要处理的数据很多，只有对数据进行标识，才能正确完成读写操作。数据标识依靠变量完成。

变量的概念

变量又称作变数,它是指没有固定值,可以改变的量。计算机编程中的变量能实现数据储存、计算以及表达。

变量有不同类型,数值型变量能存储数字 1,2,3……,字符型变量能存储文字 "A","B","C" ……

变量的使用

每个变量都可以通过变量名访问。右图中的变量名为 a,当需要使用 a 中的数据时,调用名称 a,便可以操作 a 中的数值。

变量中的数据可以改变,改变之后,存储的数值就会更新。

实战练习:简易计数器

基础功能

1. 按键按下,屏幕显示的数字加 1。

2. 按键按下,屏幕显示的数字添加 1 位。

拓展功能

屏幕数字添到 8 位停止检测。

软件编写示例

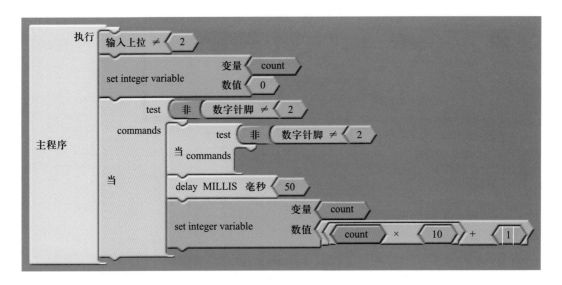

实现基础功能需要两个步骤:判断按键一次按下;操作显示数据加 1。

按键的按下与抬起是一个完整动作,准确检测按键需要两次判断,判断抬起后还需要添加 50 ms 的等待时间,防止按键抖动时产生错误。

判断之后对变量数据进行操作,任务 1 中每次对数据加 1 即可,任务二需对数据进行移位,然后加 1。数据移位可以利用乘法运算,将数据扩大十倍来实现。

11-3 密码功能设计

视频 11.3 密码
功能设计

密码可以有各式各样的形式。例如设置手机密码时,可以选择数字密码、全键盘密码、手势密码以及指纹密码等等。

设计密码门的功能时也要考虑好密码形式,根据功能实现的逻辑关系进行编程。

目标

■ 创意密码形式

■ 数字信号逻辑与标志位

创意密码

二维码

二维条码／二维码（2-dimensional bar code）是用某种特定的几何图形（黑白相间的图片）作为数据信息的载体，并按一定规律在平面上分布的图形。

二维码在代码编制上巧妙地利用构成计算机内部逻辑基础的"0""1"概念，使用若干个与"0""1"相对应的几何形体来表示文字数值信息，通过摄像头或扫描设备自动识读以实现信息自动处理。

二维码就是一种非常有创意的密码设计，它作为一种全新的信息存储、传递和识别技术，自诞生之日起就得到了世界上许多国家的关注。

指纹识别

指纹是指人的手指末端正面皮肤上凹凸不平产生的纹线。纹线有规律地排列形成不同的纹型。纹线的起点、终点、结合点和分叉点，称为指纹的细节特征点。

每个人的指纹不同，即使同一人的十指之间，指纹也有明显区别，因此指纹可用于身份鉴定。基于指纹的密码应用到了很多领域。

初步设计密码门功能时可以采用简单的数字密码方式，将密码输入、密码匹配两部分通过基本程序结构实现。

思维拓展

比特流（简称 BT）：是一个文件分发协议，每个下载者在下载的同时不断向其他下载者上传已下载的数据。而在 FTP，HTTP 协议中，每个下载者在下载自己所需文件的同时，各个下载者之间没有交互。BT 协议与 FTP 协议不同，特点是下载的人越多，下载速度越快，原因在于每个下载者将已下载的数据提供给其他下载者下载，充分利用了用户的上载带宽。通过一定的策略保证上传速度越快，下载速度也越快。

因此当你的电子设备接入互联网时，尤其是进行下载或上传时，就应当考虑到设备中的数据安全问题。

基础功能

密码输入与校验。

拓展功能

密码校验指示灯。

硬件连接示例

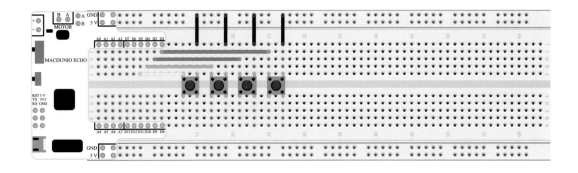

软件编写示例

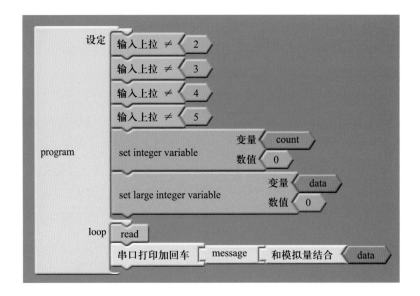

基础功能需要准确检测四个输入按键，设置好按键上拉功能之后，通过子程序 read 读取按键的操作，并把操作之后的密码数据 data 显示到屏幕上。注意 data 是长整型变量。

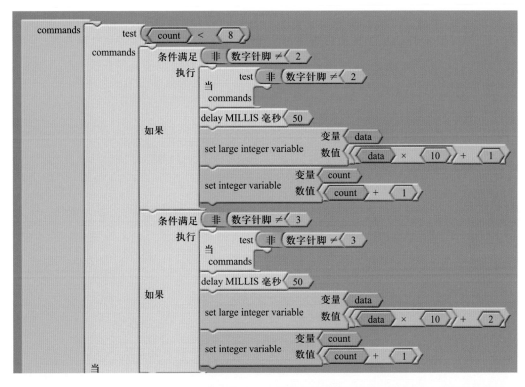

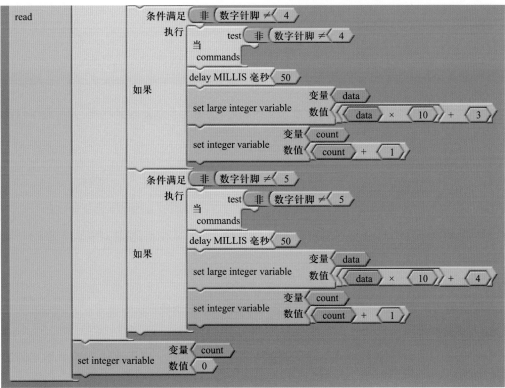

按键检测子程序 read 能够实现按键检测与信息存储功能,根据上节方法,对每个按键进行精确判断,当按下某个按键,操作密码数据 data 添加一位数字(四个按键添加数字不同),并操作计数变量 count 加 1,当 count 增加到 8 时完成密码输入,这样可以验证密码输入是否是 8 位。注意每次检测完毕后将 count 变量清零,以便再次检测。

11-4　综合调试

完成作品之前要对程序进行整体调试,这样才能够使作品功能和外观完美地结合。

视频 11.4　综合
调试

目标

- 功能组合
- 学会系统整体分析与调试

功能分析

绘制创意密码门的思维导图时,设置了不同功能,根据几个功能难易程度、先后顺序以及对系统的影响进行功能分析。

设置正确密码　　输入密码校验　　检验提示　　校验通过开门

分析功能执行顺序,首先要设置正确密码,然后输入密码并校验,接着对校验结果进行提示,最终校验通过后开门。

设置密码

初始化程序时,利用变量存储正确的 8 位数字密码,并提示确认。

输入密码校验

设置好正确密码后,再次进入当前密码输入环节,存储到另一个变量中,并与正确密码进行匹配。

校验提示

匹配密码后,针对匹配成功与匹配失败两种情况进行提示。

校验通过开门

匹配成功后,控制舵机转动,实现开门的动作。

整体运行过程分析

功能分析完毕后,将按键、舵机与芯片连接起来,通过组合程序整体运行测试。测试时需要注意几个问题。

密码数据存储问题

数字变量分为整型(integer)与长整型(long integer),由于 8 位数字密码过长,需采用长整型变量。

密码数据校验问题

输入密码时可能出现输错的情况,输错之后要清空数据重新录入,避免错误校验。

硬件及软件

硬件连接示例

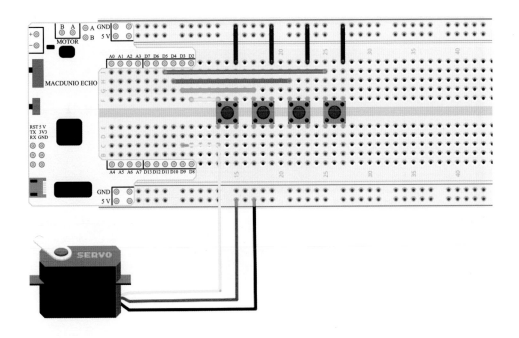

软件编写示例

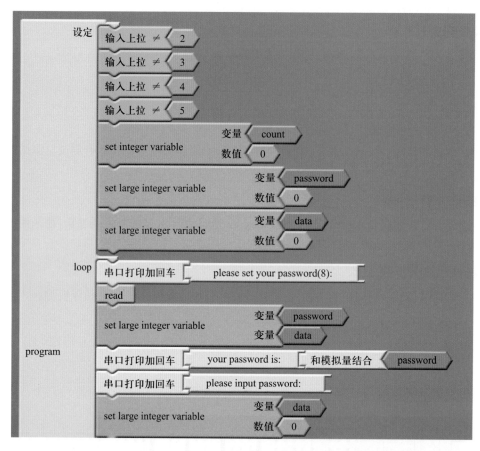

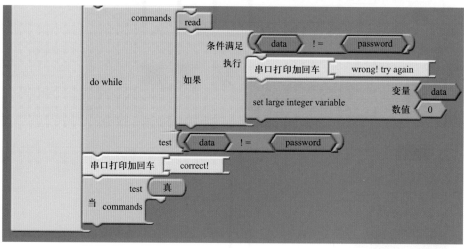

密码验证是比较重要的环节,需要将当前密码与正确密码进行比对,因此需要两个长整型变量:data 和 password。子程序 read 将每次输入的密码数据存储到 data 中,第一次读取设定密码后,将 data 中的数据保存到 password 中,用于存储正确密码,然后进入验证部分,循环读取输入密码,并与 password 比对,直到正确后继续运行,否则要再次输入密码。

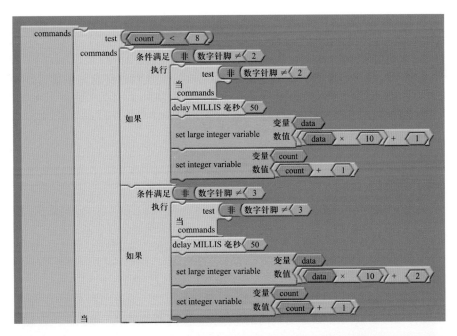

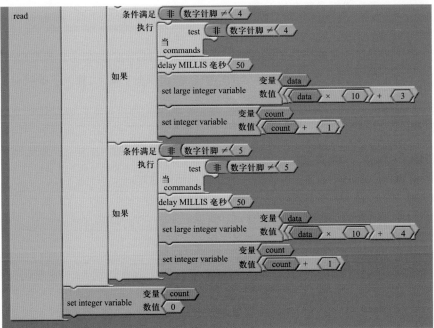

按键检查判断的子程序与上节相同。

11-5 外形制作

视频 11.5 外形
制作

通过学习制作创意密码门,大家完成了密码功能的设计与实现,并且将它应用到了开放式社区中。

通过分享与表达自己的密码门作品,交流制作经验与乐趣,让作品得到完善与提高。

目标

■ 项目开发要点

项目开发要点

密码的设计相对复杂,所以讲解密码门的制作更需要清晰的逻辑思维。深入理解制作原理,才能用通俗的语言表达出相对复杂的问题。

整体介绍

创意密码门实现了创意的密码设计,实现了"密码锁"与自动门的结合。开启密码门之后通过按键设置 8 位正确密码,设置成功后输入错误密码,会提示重新输入,输入正确密码,才能通过验证开门。

提出问题

开放式社区能提高生活效率及土地利用率,但社区的开放也意味着安全问题的加剧。

开发创意密码门目的在于保障社区住户的财产及隐私安全。

解决问题

经过分析,创意密码门采用了简单可靠的 8 位数字密码系统,主要分为密码录入、密码校验、验证开门三部分。

密码录入部分实时检测四个输入按键的状态,录入密码数量达到 8 后,将密码储存在芯片中。首次录入进行密码设置提示,根据提示进行正确密码设置与存储。

密码校验部分针对每次新输入的 8 位密码与正确密码比对,比对成功进行正确提示,比对失败清空临时存储的密码并提示重新输入。

验证通过之后开始执行验证开门部分,首先进行开门提示,然后控制伺服电机转动一定角度,实现开门动作。

优化与创新

创意密码门的整体程序相对复杂,特别是数据存储与更改,需要分析好每个环节操作数据的逻辑关系,进行优化处理。

录入密码部分可以将普通按键方式进行扩展与创新,例如使用按键的不同频率录入信息,或者通过电位器角度录入信息。

11-6 单片机拓展提升

前面通过 Arduino 图形化编程实现了开放式社区,本节将在单片机控制的基础上通过 C 语言编程实现开放式社区的控制。

视频 11.6 开放式
社区单片机 C 语言

目标

■ 单片机硬件电路实现
■ C 语言程序实现
■ 功能拓展

单片机使用功能

本次选用单片机型号为 STC8A8K64S4A12,选用元器件有按键、舵机,使用的单片机功能如下:

1. 基本输入输出(IO)功能——按键。
2. 脉冲波形发生器(PWM)功能——舵机。
3. 串口通信(UART)功能——通信。

基本输入输出(IO)功能、脉冲波形发生器(PWM)功能在之前已经提及,不再赘述。下面介绍 UART 串口通信。

UART 串口

UART 是一种通用串行数据总线,用于异步通信。该总线采用双向通信,可以实现全双工传输和接收。在嵌入式设计中,UART 用于主机与辅助设备通信,如汽车音响与外接 AP 之间的通信,与 PC 机通信包括与监控调试器和其他器件。

UART 串口通信方式有两根连接线:TXD 与 RXD,这两根线对通信双方需要反接,即一方 TXD 引脚接另一方的 RXD 引脚,接线方式如下:

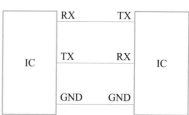

UART连线示意图

波特率

波特率表示每秒钟传送的码元符号的个数,是衡量数据传送速率的指标,它用单位时间内载波调制状态改变的次数来表示。

UART 串口发送数据的速率受其对应波特率的制衡,例如设置波特率为 9 600,即可在 1 s 内通过 UART 串口发送 9 600 个字符数据。

硬件连接

连接过程:将 00~03 四根线分别接在四个按键一端、按键另一端接单片机的地线;舵机信号线接单片机的 10 引脚,VCC 接电源的正极,GND 接电源的负极。

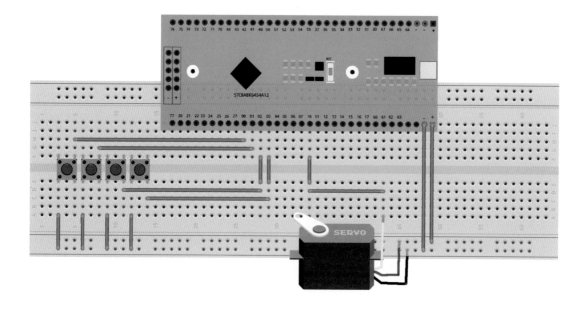

C 语言程序编写

根据系统设计思路,C 语言流程图如下所示:

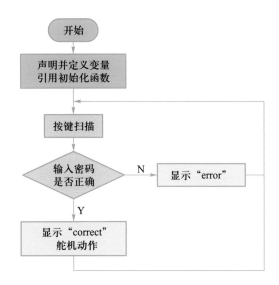

程序开始,声明变量、单片机功能初始化。初始化结束后进入主程序,对按键进行检测,检测按键判断完成,舵机动作后返回主程序。

先调用基本的头文件,将按键检测程序通过子程序调用的方法实现。按键检测程序不需要传入参数,因此没有形参,但按键检测程序需要传回检测到的数据,因此按键检测程序的类型设置为"int"类型,先将按键子程序声明使用。

进入主程序后,定义变量"password"变量存储设置的密码、变量"data1"存储数据,比如比对密码。将 P0 口低四位拉高,用于按键初始化,通过"UART_init(1,0,9 600)"初始化串口模块 1,第 0 组的引脚,设置波特率为 9 600,通过"PWM_Init(30 000,0x00,0x0f):函数设置舵机引脚周期为 50 Hz,初始化结束,进入主循环。

主循环中,通过"uart_send(1,"please input the password!\n")"控制串口模块 1 发送"please input the password!"并回车,用"jiance( )"函数设置"password"为密码,再通过串口发送程序发送"set ok"并将设置好的密码发送,至此密码设置成功。而后,通过"do{} while( );"语句,将输入的密码赋值给"data1","data1"与"password"比较,确定密码是否正确,若密码不正确,需要重新输入;若密码正确,输出"correct!"并且舵机旋转 90°。至此主循环结束,主程序结束。

"jiance( )"子程序内定义两个局部变量:"count"变量存储输入的数据位数,"data1"变量存储计算得到输入的数据。在子程序中,按下对应按键即可进行对应计算,键入结束时,将"data1"的数据返回主程序采集。

程序代码实现如下：

```c
#include "userhead.h"
int jiance( );
int main( )
{
    uint password=0,data1=0;
    P0=0x0f;
    UART_init(1,0,9600);
    PWM_Init(30000,0x00,0x0f);      // 舵机初始化
    PWM_duojiset(10,20);            // 舵机 20°
    while(1)
    {
        uart_send(1,"please input the password!\n");
        password=jiance( );         // 设置密码
        uart_send(1,"set ok!");
        uart_sendnum(1,password);   // 显示密码
        uart_send(1,"please input the password!\n");
        do{
            data1=jiance( );
            if(data1!=password)     // 当密码输入错误
            {
                uart_send(1,"error!");
            }
            else
            {
                PWM_duojiset(10,90); // 舵机 90°
            }
        }while(password!=data1);     // 当密码正确
        uart_send(1,"correct!");
        while(1)
        {
            PWM_duojiset(10,90);    // 舵机 90°
        }
```

```
        }
    }
    int jiance( )                          // 检测程序
    {
        uchar count=0;
        uint data1=0;
        while(count!=5)                    // 记录五个数值
        {
            if(P00==0)                     // 第一个按键加一
            {
                Delayms(50);
                if(P00==0)
                {
                    while(!P00);
                    count++;
                    data1=data1*10+1;
                }
            }
            if(P01==0)                     // 第二个按键加二
            {
                Delayms(50);
                if(P01==0)
                {
                    while(!P01);
                    count++;
                    data1=data1*10+2;
                }
            }
            if(P02==0)                     // 第三个按键加三
            {
                Delayms(50);
                if(P02==0)
                {
```

```
            while(!P02);

            count++;

            data1=data1*10+3;

        }

    }

    if(P03==0)                          // 第四个按键加四

    {

        Delayms(50);

        if(P03==0)

        {

            while(!P03);

            count++;

            data1=data1*10+4;

        }

    }

}

return data1;                          // 返回检测值

}
```

通过 STC-ISP 将 "keil 仿真设置" 下 "添加型号和头文件到 keil 中" 把 ATC8A8K64S4A12 的头文件导入到 Keil 的 C51 文件夹上，打开 Keil，新建工程时芯片选择 STC MCU Database 目录下 STC8A8K64S4A12 单片机，新建并加入 C 语言文件后，将代码复制到程序中，或者直接打开附带的工程文件。完成后进行程序编译。

编译成功后将程序烧录到单片机上，观察效果。

基础任务

编写程序，实现开放式社区。

拓展任务

1. 添加更多的按键，简化程序。

2. 增加输入次数控制，超过次数报警。

功能拓展

基于单片机控制的创意密码门设计已基本完成，接下来可以尝试进行参数调整。

我们可以尝试着给密码锁添加更多的按键以达到增加密码复杂性的目的,同时还可拓展蜂鸣器模块,在每次密码输入错误时提供声音提示,当密码输入错误次数达到一定数值时蜂鸣器发出警报。

尝试在密码输入的基础上添加扫描指纹,尤其一些对安全的需求更高的重要地方和贵重物品,增加更加繁琐的密码,添加更多校验方式的安全锁,显得尤为重要。

目前,很多安全锁引用智能手机操控如 IOS 或者 Android 系统平台进行远程控制,提前设置好输入密码,门便能自动打开。对于安全,Wi-Fi 智能门锁有更完善的保护机制,授权过的任何人开锁、上锁、反锁,你和家人都可以及时掌握。

12 魔法钢琴

12-1 魔法钢琴

钢琴被誉为"乐器之王",具有丰富的表现力,能演奏旋律、和声、复调等各种音乐表现形式的作品,而钢琴的玩法也是多种多样的,本节我们就来制作一架魔法钢琴。

目标

- 熟练掌握音符的设计
- 实现钢琴音乐播放

有趣的魔法钢琴

左图所示为美国芝加哥的联合车站,由美国著名建筑师丹尼尔·伯恩罕设计,它不单单是一个转车的地方,每天 24 条铁轨都忙碌地输送着南北的游客。在车站中有这样一架神奇的魔法钢琴,当人们经过钢琴旁边时,钢琴便会发出奇妙的音乐,而且还能根据不同的人产生不同的反应。

右图中就是这架神奇的钢琴,有人走到钢琴前,钢琴便响起了动感十足的音乐。

伴随着欢快的音乐,老爷爷兴奋地跳起了舞,过了一把钢琴师的瘾。

音符演奏

钢琴的音域宽广,现代钢琴一般为 88 键,音色变化丰富,可以表达各种不同的音乐情绪,或刚或柔,或急或缓,均可恰到好处;高音清脆,中音丰满,低音雄厚,可以模仿整个交响乐队的效果,因此有"乐器之王"的称号。

钢琴的声音十分美妙,但是想演奏出好的音乐也不是很容易,需要将这些不同音符按照一定的时间和顺序,流畅地组合到一起才能弹奏出美妙的音乐。

因此准确的音符弹奏是钢琴的基础,制作魔法钢琴时也需要准确发出特定的音符。

思维拓展

贝多芬是德国著名的音乐家。

他的童年是不幸的,父亲以粗暴的态度逼迫他学习音乐,羽管键琴、提琴成了他父亲压迫他的枷锁,庆幸的是,他那一颗好学的心,竟然没有被压灭。他十三岁入戏院乐队,当大风琴手,十七岁由于慈母去世,挑起了全家生活的重担。

不幸的事情发生了,正当他在音乐的世界里陶醉忘返的时候,他的健康被一连串的伤风、肺病、关节炎、黄热病摧折了。更为痛心的是,二十六岁时,他开始耳聋。

大难临头,贝多芬把音乐当作他的避难所,他勇敢地向命运挑战,不顾双耳的轰轰作响,一件又一件地完成着他的作品,有时同时写三、四件东西。贝多芬忍受着艰难的"酷刑"工作着,他坚定而乐观地说:"我要扼住命运的咽喉。它决不能使我完全屈服……"

两年过去了,他又指挥起《合唱交响曲》。这一次他获得了巨大的成功!剧场里群情激昂,连声喝彩。但这一切他都没有听见。直到一位女歌唱演员牵着他的手面向观众时,他才看到人们在向他挥舞帽子,热烈鼓掌。

贝多芬就是这样一个在厄运中不屈不挠斗争、学习的人。

实战练习

任务

1. 利用蜂鸣器实现钢琴发音。

2. 配合 LED 灯实现指示灯效果。

硬件连接示例

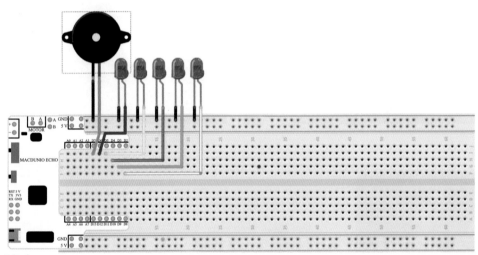

材料准备:核心控制器、面包板、5 盏 LED 灯、1 个蜂鸣器、导线若干。

软件编写示例

左图是钢琴发音的示例程序,可以控制蜂鸣器以 500 ms 为时间间隔发出 1、2、3、4、5 五个音符的声音。

通过更改蜂鸣器的频率,还可以发出钢琴的其他音。

音阶	赫兹数
1	262
2	294
3	330
4	349
5	392
6	440
7	494

在编写音符播放程序时,可以根据自己的需要设计不同的歌曲,只要将不同音符的频率及每个音符的间隔时间设定好即可。

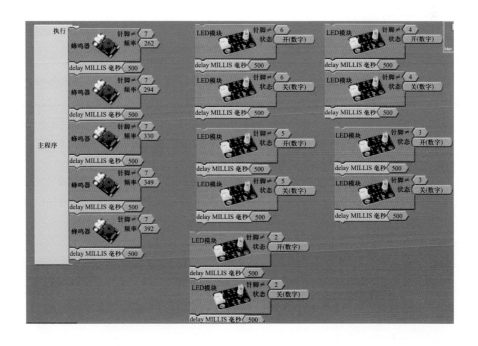

编辑完音符程序之后,分别将五盏灯的闪烁程序编写好,最后把每盏灯的动作添加到相应的音符程序后面,便可以实现带有指示灯的钢琴弹奏效果。

如何实现不同的音乐节奏

音乐课上我们学过不同的音符可以组合成各种各样动听的音乐,其中音符最重要的特性就是音长和音高。通常所说的四分音符、八分音符,就是声音持续时间的不同,即音长,"1,2,3,4,5,6,7"指的是音高。

不同的频率

测试不同的音高对应的蜂鸣器频率,可以任意挑选几个音符进行测试,也可以尝试一下不同八度的音符。

音高	频率

不同的时间

测试不同的音长对应的时间间隔,注意测试时每个声音结束后需要加一个声音停止模块。

音长	时间 /ms
二分音符	
四分音符	
八分音符	
十六分音符	

12-2 综合制作

如何让魔法钢琴自动播放音乐？这就需要给魔法钢琴添加感知功能,通过感知环境进行智能判断,从而让钢琴变得有"魔法"。

目标

- 利用传感器实现自动播放
- 完成魔法钢琴综合制作

红外线的应用

在很多公共场合,我们经常使用各种扶梯上、下楼梯。电梯口一般会安装有红外线检测装置,无人时,电梯会处于静止状态;当有人经过电梯口时,电梯会自动运行。通过这种方式,可以让电梯智能运行,降耗节能。

红外线检测是一种常见的人体检测方法。高于绝对零度(-273.15℃)的物质都可以产生红外线,而且红外线不可以被人直接看到。红外线也是太阳光线中众多不可见光线中的一种。

红外线的应用非常广泛,高温杀菌、监控设备、手机的红外接口、宾馆的房门卡、电视机遥控

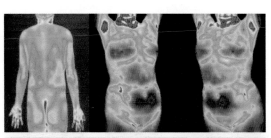
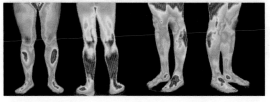

器等,都有红外线的影子。红外线在医学领域起到非常重要的作用,它可以改善血液循环,增加细胞的吞噬功能,消除肿胀,促进炎症消散,治疗慢性炎症。其中对人体最有益的是4~14 μm 波段,它有着孕育宇宙生命生长的神奇能量,所有动、植物的生存、繁殖,都是在红外线这个特定的波长下才得以进行,因此许多专家、学者称之为"生育光线"。同时常见的还有夜视仪、透视望远镜、光波炉、热成像仪等其他应用。

远红外线:太阳光线大致可分为可见光及不可见光。可见光经三棱镜后会折射出紫、蓝、青、绿、黄、橙、红颜色的光线(光谱)。红光外侧的光线,在光谱中波长自 0.75~1 000 μm 的一段被称为红外光,又称红外线。红外线属于电磁波的范畴,是一种具有强热作用的电磁波。

红外线的波长范围很宽,人们将不同波长范围的红外线分为近红外、中红外和远红外区域,相对应波长的电磁波称为近红外线、中红外线及远红外线。

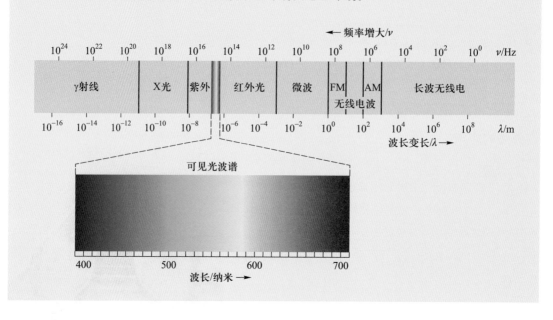

光电传感器

光电传感器是一种光检测装置,它是以光电效应为基础,把被测量的环境变化转换成光信号的变化,然后借助光电元件进一步将非电信号转换成电信号的传感器。

光电传感器是一种常用的电子元器件,它包括一个红外线发射头和一个接收头,通过发射头发射出红外线,不同的环境情况下反射回来的红外线也不一样,接收头便可以检测出反射红外线的强弱。

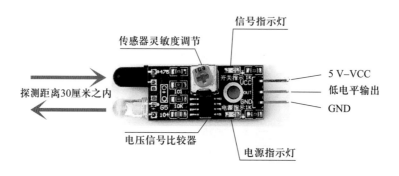

光电传感器的应用领域十分广泛,例如:测量光强的照度计,光电高温计,预防火灾的光电报警器,或者是电子计算机的光电输入器,光电探测器等。利用光电传感器就可以完成钢琴的"魔法"效果。

实战练习

任务

利用光电传感器实现自动播放功能。

硬件连接示例

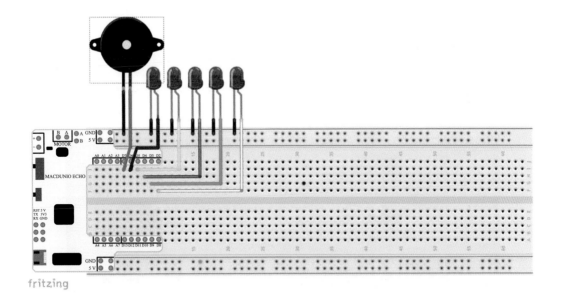

　　材料准备:核心控制器、面包板、5 盏 LED 灯、1 个蜂鸣器、1 个光电传感器、导线若干。

软件编写示例

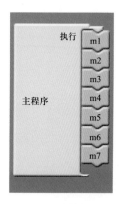

首先利用子程序将每个音符的弹奏程序分成独立的模块：m1~m7，对应音符 1~7，每个音符配合 LED 灯发出不同的光。

这样只要对应名称组合子程序模块，就可以弹奏不同的音乐了。左图中便是依次响起 1~7 这七个音符的示例程序。

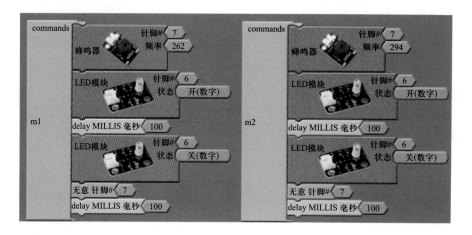

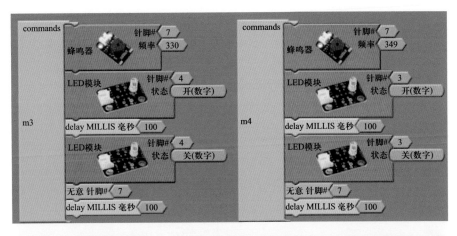

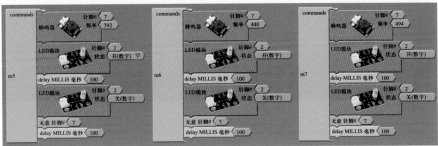

音乐编辑完成,下面加入自动播放的效果。

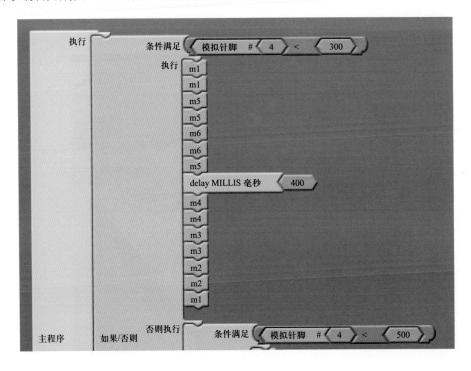

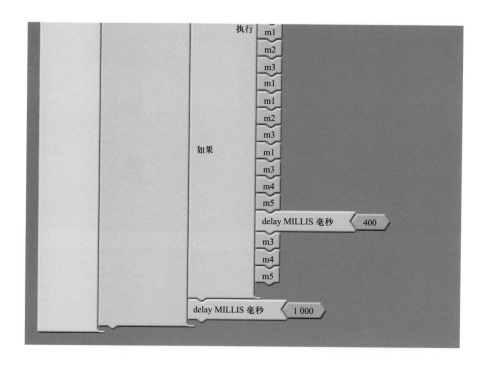

根据光电传感器的测量数据进行判断,当有人经过时便开始播放相应的音乐,并且可以设置不同的靠近距离播放不同的音乐曲目。

设计一个独特的外形

功能设计完毕,下面请你结合自己的所见所闻设计一下魔法钢琴独特的外形结构,选用不同的材料设计出的效果也就不同,如上图所示钢琴就是用卡纸制作而成。

面包板与传感器的安置

设计外形时还应注意面包板与传感器的安放位置,以便确定合适的安放位置才能进行有效地检测。

12-3 单片机拓展提升

前面通过 Arduino 图形化编程实现了魔法钢琴的光电传感器、LED 灯及无源蜂鸣器控制,本节将在单片机控制的基础上通过 C 语言编程实现魔法钢琴的控制。

目标

- 单片机硬件电路实现
- C 语言程序实现
- 功能拓展

单片机使用功能

本次选用单片机型号为 STC8A8K64S4A12,选用元器件有光电传感器、LED 灯、无源蜂鸣器,使用的单片机功能如下所示:

1. 基本输入输出（IO）功能——LED 灯。

2. 模数转换（ADC）功能——光电传感器。

3. 脉冲波形发生器（PWM）功能——无源蜂鸣器。

基本输入输出（IO）功能和模数转换（ADC）功能不再赘述。无源蜂鸣器使用不同频率电信号发出不同频率的声音，因此需要用到单片机的 PWM 功能生成相应频率的电信号。

无源蜂鸣器

无源蜂鸣器的发声工作原理:脉冲波形信号输入谐振装置转换为声音信号输出频率,通过调整输入信号的频率,便可发出不同的声音。

脉冲波形发生器（PWM）的功能是输出特定频率一定占空比的方波,此处只用到 PWM 生成不同频率信号的功能。

声音与频率

声音是由物体振动产生的声波。它是一种通过介质(固体、液体或气体)传播并能被人或动物听觉器官所感知的波动现象。最初发出振动的物体叫声源。

频率,是单位时间内完成周期性变化的次数,是描述周期运动频繁程度的量。为了纪念德国物理学家赫兹的贡献,人们把频率的单位命名为赫[兹],简称"赫",符号为 Hz。

音阶频率对应表

音阶	赫兹数	音阶	赫兹数
1	262	5	392
2	294	6	440
3	330	7	494
4	349		

硬件连接

连接过程:LED 灯正极连接单片机的 00~06 引脚,负极接单片机电源的负极。蜂鸣器的正极接单片机的 10 引脚,负极接单片机电源的正极。光电传感器 A0 口接单片机的 11 引脚,VCC 接单片机电源的正极,GND 接单片机电源的负极。

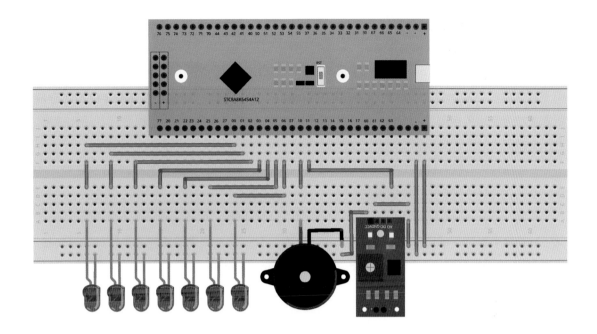

C 语言程序编写

　　程序流程图如下图所示：程序开始，声明变量，并对单片机功能初始化。初始化结束进入主程序，检测光电对管，然后根据检测结果进行判断。如果条件满足，蜂鸣器与 LED 灯工作，然后结束判断，返回主程序。

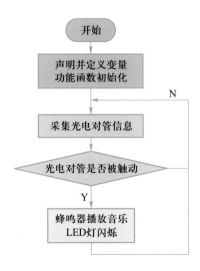

在程序代码中,先调用基本的头文件。由于本程序包含有一个名为"music"的子程序,因此需要在主程序前添加该程序的声明。

进入主程序,首先定义变量"ADCnum"用于存放 ADC 读取的值,同时也定义了一个变量"i"用于程序中的记次计数。而后声明字符数组"music1""music2""music3""music4"用于存放所需播放声音段的全部音阶,最后将 11 引脚初始化为 ADC 读取功能。至此,程序初始化结束,进入主循环。

在主循环中,通过 ADC 功能读取 11 引脚光电对管的采集值,判断其范围,而后决定对应动作。至此,主循环结束,主程序结束。

构建"music"子程序,功能为接收对应音阶,执行对应操作。由于该子程序不需要返回值,因此可以设置类型为"void"。考虑到程序需要获得对应音阶,因此需要设置传递参数 uchar sound,通过"fre"数组保存音阶对应频率,进一步"PWM_fengmingqi"函数控制无源蜂鸣器发声,最后控制 LED 灯工作。

程序代码实现如下:

```
#include "userhead.h"
void music(uchar sound);
int main()
{
    int ADCnum;                              // 存放 ADC 读值
    uint i;                                  // 记次数用变量
    uchar music1[7]={1,1,5,5,6,6,5};         // 音乐 1
    uchar music2[7]={4,4,3,3,2,2,1};         // 音乐 2
    uchar music3[11]={1,2,3,1,1,2,3,1,3,4,5};// 音乐 3
    uchar music4[3]={3,4,5};                 // 音乐 4
    ADC_init(11);                            // 初始化光电对管引脚
    while(1)
    {
        ADCnum=ADC_read(11);
        if(ADCnum<1200)                      // 条件 1
        {
            for(i=0;i<7;i++)                 // 播放 music1
            {
                music(music1[i]);
```

```
        }
        for(i=0;i<7;i++)                    // 播放 music2
        {
            music(music2[i]);
        }
    }
    else if(ADCnum<3600)                    // 条件 2
    {
        for(i=0;i<11;i++)                   // 播放 music3
        {
            music(music3[i]);
        }
        for(i=0;i<7;i++)                    // 播放 music4
        {
            music(music4[i]);
        }
    }
  }
}
void music(uchar sound)                     // 根据参数动作
{
    uint fre[8]={0,262,294,330,349,392,440,494};
    PWM_fengmingqi(10,fre[sound]);          // 蜂鸣器发生
    P0=0x01<<sound;                         //LED 动作
    Delayms(200);
    P0=0x00;                                //LED 动作
    Delayms(200);
    PWM_stop( );
}
```

　　C 语言程序编写完毕,通过 STC-ISP 将"keil 仿真设置"下"添加型号和头文件到 keil 中"把 ATC8A8K64S4A12 的头文件导入到 Keil 的 C51 文件夹上,打开 Keil,新建工程时芯片选择 STC MCU Database 目录下 STC8A8K64S4A12 单片机,新建并加入 C 语言文件后,将代码复制

到程序中,或者直接打开附带的工程文件。完成后执行程序编译。

编译成功后将程序烧录到单片机上,观察程序执行结果。

基础任务

编写程序,实现魔法钢琴。

拓展任务

1. 尝试自己添加歌曲。

2. 尝试添加元器件。

功能拓展

基于单片机控制的魔法钢琴制作完成,接下来可以尝试对它进行参数调整。

尝试修改程序,录入自己喜欢的音乐片段。同时添加更多彩灯,使其更加美观,或者更换其他触发类传感器,以便钢琴有更多的开启方式。

13 互动钢琴

13-1 互动钢琴

如今,智能电子产品发展迅猛,之所以被人们喜爱,很多源于它带来的互动体验,比如语音控制、体感游戏等,这些都是利用交互式系统完成的。

目标

- 传统钢琴与互动钢琴
- 使用思维导图设计互动钢琴
- 实战操作练习

传统钢琴与互动钢琴

钢琴弹奏相对单一,将传统的钢琴弹奏结合互动体验,便会产生奇妙的互动钢琴。

钢琴介绍

钢琴是西洋古典音乐中的一种键盘乐器,有"乐器之王"的美称,左图所示,它由 88 个琴键(52 个白键,36 个黑键)和金属弦音板组成。右图是世界著名的钢琴家贝多芬,由于钢琴的优势,钢琴家比其他乐器的演奏家有更多的机会举行个人音乐会表演。在一流的演奏家里面,无疑,钢

琴家是最多的。钢琴是作曲的一项基本训练。很多著名作曲家,莫扎特、贝多芬、肖邦、拉赫玛尼诺夫、李斯特也都是一流的钢琴家。

传统钢琴

想成为优秀的钢琴家并不容易,钢琴家往往从很小开始训练,而且要求十分严格。

学钢琴需要长期刻苦的练习,往往很多人坚持不下来,一是因为钢琴弹奏的难度很大,二是钢琴练习比较枯燥,如何让钢琴练习更有趣呢?

互动钢琴

互动钢琴与传统钢琴的最大区别就是"交互性"。"交互"代表着交流互动,利用智能机器产生交流互动的效果,从而增强娱乐性与趣味性。

从用户角度来说,交互设计是一种如何让产品易用,让人愉悦的技术。通过了解用户和他们的期望设计互动钢琴,以便让其能够更加吸引人。

音乐的互动方式多种多样,将色彩、动作等元素与音乐融合起来,便可以产生独特的互动体验效果。

思维导图

根据互动钢琴主题进行头脑风暴,写出自己独特的想法,并把自己的想法通过创意分类表,将最有意义、最可行的想法挑选出来。针对挑选出来的想法进一步分析,并构建自己的思维导图。

实战练习：音乐调节器

基础功能

利用电位器发出不同音调。

拓展功能

旋转电位器发出 7 种不同音阶。

硬件连接示例

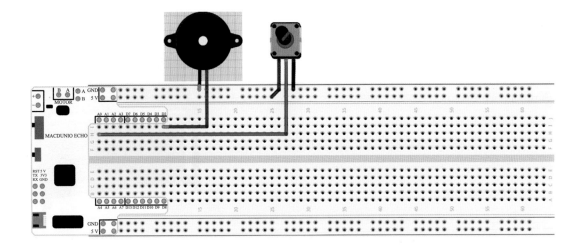

软件编写示例

电位器的输出信息作为蜂鸣器的频率，从而通过电位器的旋转位置控制声音的高低。

13-2 美妙的钢琴音

钢琴音域范围从 A2(27.5 Hz) 至 c5(4 186 Hz)，几乎囊括了乐音体系中的全部乐音，是除了管风琴以外音域最广的乐器。

目标

- 认识钢琴内部构造
- 学会使用变量
- 程序的编写及硬件连接

认识钢琴

第一台钢琴的诞生

钢琴发源于欧洲,十八世纪初,意大利人克里斯多弗利(Bartolommeo Cristofori)发明的一种类似现代钢琴的键盘式乐器。至今已有三百多年的历史。

钢琴首次出现于 1709 年,在当时是一种既复杂又昂贵的乐器,只有皇室和贵族才有机会接触到。

钢琴的内部构造

钢琴普遍用于独奏、重奏、伴奏等演出,作曲和排练音乐十分方便。演奏者通过按下键盘上的琴键,牵动钢琴里面包着绒毡的小木槌,继而敲击钢丝弦发出声音。钢琴需定时护理,也就是我们平时说的调琴,以保证它的音色保持不变。

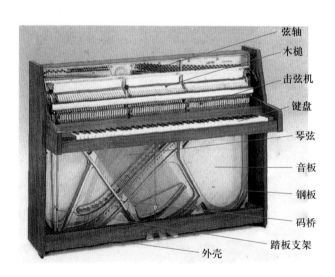

如图所示,钢琴主要由踏板、调音钉、琴槌、制音器、琴胆、响板和琴键组成。

音域与八度

音域的概念

音域指某人声或乐器所能达到的最低音至最高音的范围。

各音区的特性音色在音乐表现中,有着重大的作用。高音区一般具有清脆、嘹亮、尖锐的特性;而低音区则往往给人以浑厚、厚重之感。

钢琴音域简述

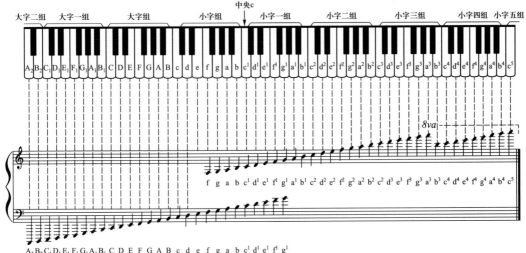

钢琴的音域是七个完全音组和两个不完全音组。每个完全音组由 7 个音组成(do、re、mi、fa、sol、la、si),音组之间从左到右由低音转向高音。

八度的概念

钢琴中,相邻的音组中相同音名的两个音(比如 do 和升调 do),包括变化音级,称之为八度。

初学钢琴时,一般只针对 1~2 个音组进行练习,然后慢慢扩展到整个音域。实现钢琴的基本发音功能,要针对不同的音组进行熟练操作。

振动频率决定音调高低。由于钢琴音域广,每个音的振动频率不同,因此需要使用数组存储多个声音频率。

变量与数组

利用变量能将数据存储于芯片中,但每个变量只能存储单个数据,同时存储多个数据时便要使用数组。

数组的概念

数组是变量的集合体。用班级比喻数组的话,作为班级成员的小明便是其中一个变量。

单个变量中的数据,直接调用变量名即可使用,但数组内的数据则需要同时调用数组名和成员序号才可使用。以班级为例,三年级二班为数组名,学号为变量的序号,所以只要通过班级名称(如三年级二班)及班内序号(如5号)就能准确找到成员小明。

数组的使用方法

使用数组,首先要建立数组名称和数组大小,通过数组名称和序号对数组成员进行相应操作。

20	a[0]
30	a[1]
0	a[2]
0	a[3]

如上图所示,a是一个数组,共有4个成员,分别是20、30、0、0,通过调用数组名和序号a[0],a[1],a[2],a[3],即可操作数组中的数据。

实战练习:音调控制器

基础功能

1. 利用三个按键分别发出"1""2""3"三个音。

2. 按下升调键,三个音调升八度。

拓展功能

通过按键升调实现大部分钢琴音。

硬件连接示例

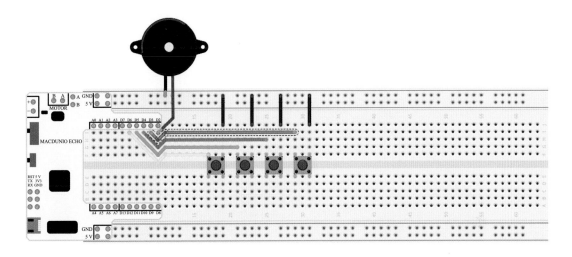

软件编写示例

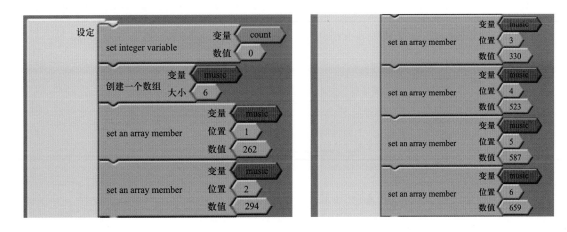

建立数组 music，将"1""2""3""1~""2~""3~"六个音的频率存储在芯片中。

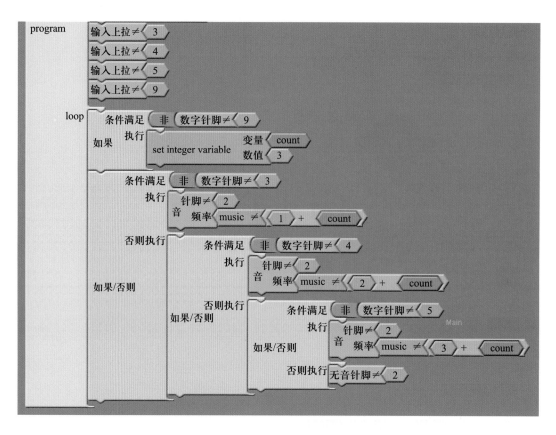

设置好四个按键后,首先根据升调按键9判断现在的升调状态,并存储在变量count中。

设置好三个音后,不同八度音(如1和1~)的频率在数组中的序号相差3,因此按下升调键后,count中数据变为3,如果需要扩充琴键,序号的差别也会增加。

按键3、4、5控制发音,默认对应"1""2""3"三个音,在数组中的位置是1,2,3,按下升调键后,对应"1~""2~""3~"三个音,数组中位置变为4,5,6。

13-3 音阶的获取

电路是信息传递的通道,如同人的神经网络,在电子设计中,电路的设计与制作尤为重要。

钢琴音数量多,获取输入信息时会面临接口资源紧张的问题,因此需要设计出高效的输入电路。

目标

- 了解电路设计
- 认识分压电路
- 利用分压电路设计按键复用端口

电压、电流与电阻

电路运行依靠电信号的传递,设计电路时要充分考虑电路运行的特性,熟悉电压、电流、电阻以及它们之间的关系。

 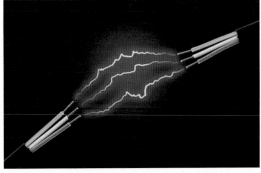

电压也称作电势差或电位差,它可以用来衡量电荷能量大小,单位是伏[特](V,简称伏)。
电压可以推动电荷定向移动,形成电流。
电阻在电路中能阻碍电荷的移动,因此电阻会改变电路中的电流,具有分压作用。

电路设计

电路是由金属导线和电子元器件组成的导电回路,它由电源、开关、连接导线和用电器四大部分组成。在电路输入端加上电源使输入端产生电压,电路即可工作。在设计电路时,要经常考虑电路中各个元件的电压电流特性以及相互之间的影响。

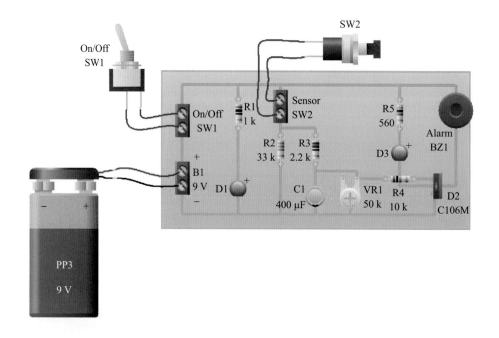

电源是提供电能的设备,它的功能是把非电能转变成电能。例如,电池是把化学能转变成电能;发电机是把机械能转变成电能。

电路设计要完成设备内部完整的运行过程,通过电路能实现各种各样的功能,这也是互动钢琴运行的基础。

分压原理

图中两个电阻标有 R_1、R_2,它们串联在一起,两端分别连接 5 V 与 GND 端口。两个电阻两端的总电压 U 是 5 V,R_1 分得了电压 U_1,R_2 分得了电压 U_2,这就是分压。如果 R_1 比 R_2 大,相应的 U_1 比 U_2 大。

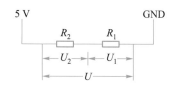

按键分压电路应用

芯片接口问题

要实现互动钢琴的基本功能,至少需要 9 个按键,其中 7 个按键实现一个音组的发音,剩余 2 个按键实现升降八度,此外还需要蜂鸣器发声以及互动功能。

按键、蜂鸣器等电子元器件至少占用 10 个数字端口,造成了极大的端口浪费。

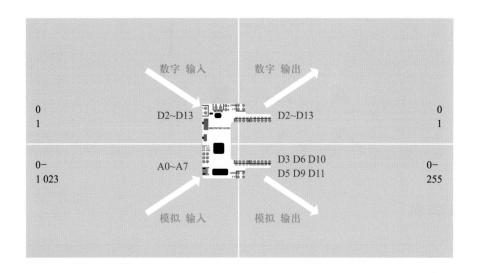

上图是元件分配表,根据核心控制器整体情况,A0~A7 可以连接 8 个模拟输入的器件,D2~D13 端口可以连接 12 个数字信号器件,但其中有 6 个数字端口(3,5,6,9,10,11)需要与模拟输出的器件共用。

可见控制器端口资源十分紧张,因此按键部分需要设计一个更实用的电路解决此问题。

思维拓展

　　印刷电路板(printed circuit board,PCB),又称印刷线路板,是重要的电子部件,是电子元器件的支撑体以及电气连接的载体。由于它采用电子印刷术制作,故被称为印刷电路板。

实战练习：按键分压电路

硬件连接示例

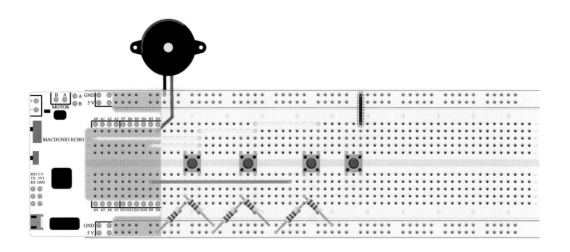

软件编写示例

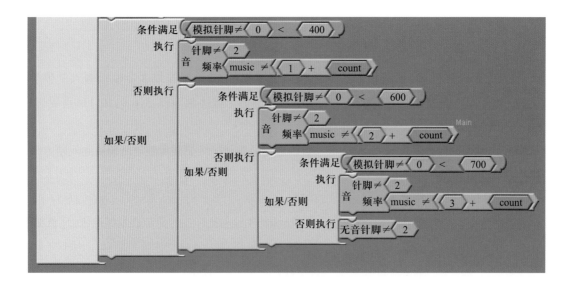

读取 A0 端口数据进行判断，根据范围不同确定接通的按键，便可完成弹奏任务。结合上节的程序，将判断按键的程序部分稍作修改。

首先测试 A0 端口读入的数据值,三个按键的对应数据值分别在 400,600,700 的分界线内(实际情况可能稍有不同)。

13-4　综合制作

互动钢琴的综合制作包括两部分,外形制作和电路安装。

目标

- 外形制作
- 琴键设计与制作
- 硬件连接及软件编写

钢琴外形结构

现代钢琴种类有三角钢琴和立式钢琴两种。

三角钢琴用于大型演出或专业人士,有 2.7 m 长。由于占用空间大,人们就想把三角钢琴竖立起来使用,这就出现了早期的立式钢琴。因此立式钢琴起源于三角钢琴。

立式钢琴价格便宜,占用空间小,成为爱好者的购买对象。立式钢琴采用一种琴弦交错的设计方案,有效地节约了高度与厚度。之前的立式钢琴高度可达 2.4 m,现在一般只有 1~2 m 高。

根据立式钢琴的结构,可以简单分为上门板、琴键和底部支架,针对每部分选取相应的材料进行制作,最后组合起来。

电路分为控制电路和外置琴键,控制电路放置在钢琴内部,琴键放置在外部,通过导线与控制电路连接。为保证弹奏时的舒适度,琴键的设计尤为关键。

钢琴按键设计

按键材质选择

按键安装效果

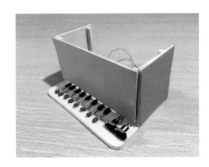 

硬件连接示例

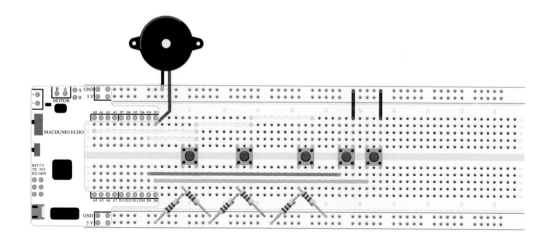

软件编写示例

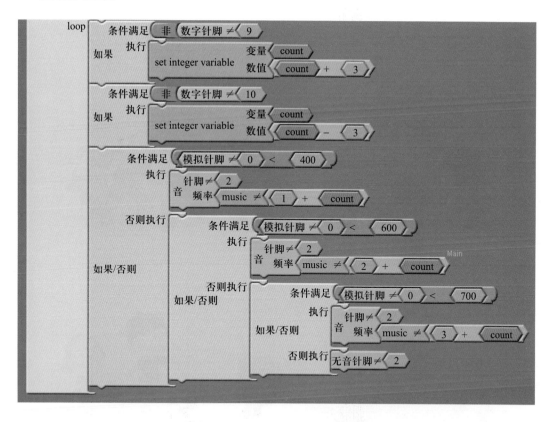

音符的频率数据存储在名为 music 的数组中,不同八度音(如 1 和 1~)的频率在数组中的序号不同,因此按下升降调按键后,通过改变调用序号,即可发出不同音调。

在上节的基础上增加降调功能,按下降调按键,对应操作 count 变量缩小,从而调用低音。

13-5 钢琴游戏

增强交互式钢琴的互动性,要考虑如何让用户在使用过程中,得到更好的互动体验,加入良好的游戏功能是个不错的选择。

目标

- 游戏设计
- 互动游戏设计原则

游戏设计

玩游戏是人的天性,堆积木、丢沙包、跳方格、踢足球等游戏当中,总有一项会吸引你乐此不疲。

互动钢琴与游戏相结合,能增加趣味性,也更吸引人。

游戏案例

游戏可以挑战自我,比如游乐场的过山车,通过刺激场景,让玩家挑战自己胆魄;游戏可以让人充满新奇感,比如《愤怒的小鸟》,通过设计很多有趣的关卡,引导玩家不断玩下去;游戏可以让人感受到自由,比如《植物大战僵尸》,玩家可以自由选择自己想要的武器打僵尸;《我的世界》,玩家在三维空间中自由地创造和破坏不同种类的方块,创造精妙绝伦的建筑物和艺术。

设计原则

设计游戏要以用户体验为核心,考虑用户的痛点、痒点和兴奋点。

痛点
痛点是指用户在日常生活中所担心、纠结、得不到解决的问题,设计游戏要消除用户的痛点。

痒点

痒点是指用户心中的"想要",给人一种在情感和心理上更好的满足感,设计游戏要满足用户的欲望。

兴奋点

兴奋点是指用户的成就感,通过设计与众不同或者别出心裁的特色、特点,给用户带来刺激反应、产生快感!

钢琴游戏的设计

设计钢琴互动游戏时要利用游戏设计的基本原则,根据自己的想法,设计出具体的游戏效果。

细节设计

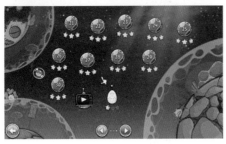

练习钢琴久了会有疲惫感让人很难坚持下去,这就是用户的痛点,通过加入听音游戏,让用户练琴时更放松,解决痛点。

钢琴游戏可以设置很多有趣的关卡,让用户有欲望开启更难的关卡,刺激痒点。

每完成一个关卡后,设置不同的过关奖励,给用户一定的满足感。

结合上述几点设计钢琴游戏,可以让互动钢琴具有更好的用户体验效果。

实战练习:七彩游戏灯

基础功能

1. 根据弹奏音符数量设置灯光提示效果。

2. 将弹奏音符数划分等级,不同等级灯条效果依次升级。

软件编写示例

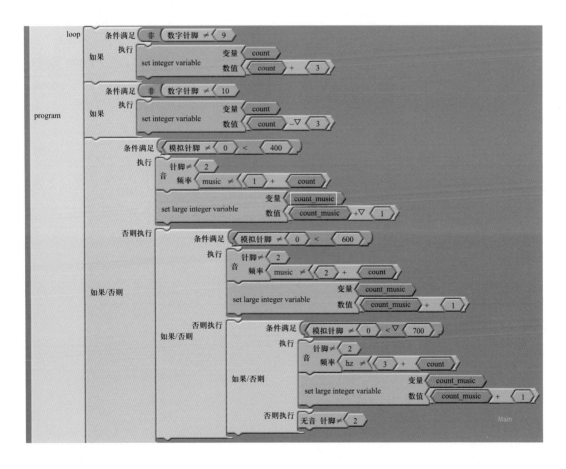

增加长整型变量 count_music,记录弹奏音符数(注意变量要先定义)。

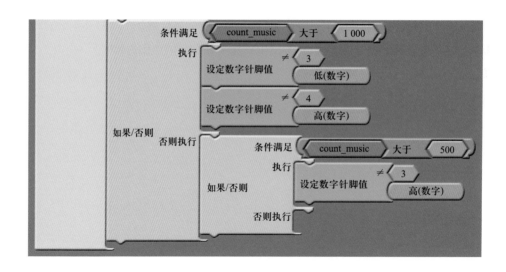

执行完按键检测程序,根据弹奏数量 count_music 判断,超过 500 亮红灯,超过 1 000 亮绿灯。

13-6　单片机拓展提升

前面通过 Arduino 图形化编程实现了互动钢琴的制作,本节将在单片机控制的基础上通过 C 语言编程实现同样的制作。

目标

- 单片机功能
- C 语言程序实现
- 功能拓展

按键与消抖

本次课程将用到 STC8A8K64S4A12 单片机的通用输入输出功能。下面认识一下本节用到的元器件按键。独立按键一共有四个针脚,两个短针脚之间默认不导通,两个长针脚之间默认导通。所以选取按键的两个不导通的引脚进行连接,一端接单片机的引脚,一端接电源的 GND。在使用时,要将单片机的引脚拉高,也就是引脚输出高电平。当按键按下时,单片机的引脚就会和电源的 GND 相连接,这样单片机的引脚就会由原来的高电平被拉低为低电平。然后单片机通过输入功能获取引脚的电平信息,当检测到引脚变为低电平,说明按键被按下。

按键检测过程

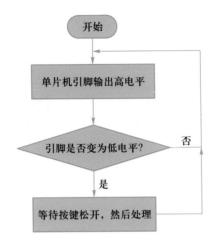

使用按键时,需要注意当按键按下或者释放的一瞬间会产生抖动,如下图所示,可以看到按键的波形存在跳动,其抖动时间的长短和按键的机械特性有关,一般为 5~10 ms,所以编写程序时需要添加去抖操作,比如延时 10 ms 等。

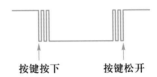

导图示例

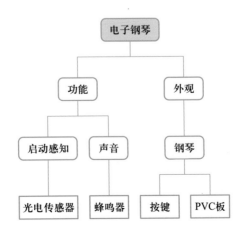

硬件连接

连接过程：无源蜂鸣器的正极引脚接单片机上的 10 引脚,四个按键的一端引脚分别接单片机的 11~15 引脚,斜对角的另一端引脚全部接电源的 GND。

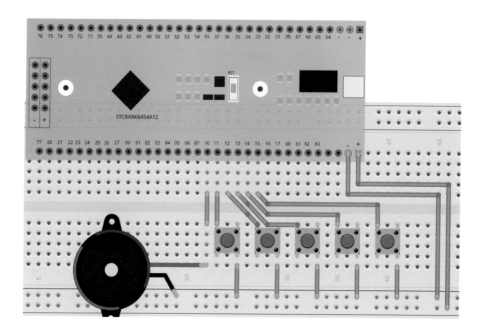

C 语言程序编写

根据系统设计思路,C 语言流程图如下所示:

程序流程图如图所示:程序开始,声明变量,并对单片机功能初始化。初始化结束进入主程序,检测按键是否按下,如果按键没有按下,则返回继续检测,若检测到按键按下,则启动蜂鸣器。

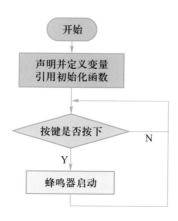

在 C 语言程序中首先创建数组并且定义一个变量 count,然后设置时钟,以便设置单片机的工作频率;其次将按键的引脚设置为上拉,即单片机引脚设置为高电平,则其引脚的实际电平将根据外接电路即按键电路确定。当按键没被按下,单片机引脚为高电平,当按键按下时,单片机引脚和 GND 连接,这样单片机引脚就变为低电平。

程序进入循环,while(1)表示一直在循环中执行程序,然后检测按键;按键按下时产生抖动,消抖的方法就是检测到按键被按下后进行一小段时间的延时,一般为 10~20 ms,此处采用延时 10 ms;延时之后 while 程序用来检验按键是否被松开,当按键一直检测到被按下,就会一直在 while 的循环中,只有当检测到按键被松开才会跳出 while 循环;最后根据 P14,P15 连接的按键设置声音的强度,通过设置 count 变量的值,并且将 count 的值与数组下标相加来设置音量,然后启动蜂鸣器。

```
#include "userhead.h"
int main( )
{
    int music[6]={262,294,330,523,587,659};
    char count=0;
    setclock(0);              // 单片机设置时钟,必须执行
    P11==1;                   // 设置引脚上拉
    P12==1;
    P13==1;
    P14==1;
    P15==1;
    while(1)
    {
        if(P14==0)            // 检测加音量按键是否按下
        {
            Delayms(10);      // 延时 10ms,消除按键抖动
            if(P14==0)        // 继续检测按键是否按下
            {
                while(!P14);  // 检测按键是否松开
                count=3;
            }
        }
```

```
            if(P15==0)                              // 检测减音量按键是否按下
            {   Delayms(10);
                if(P15==0)
                {
                    while(!P15);
                    count=0;
                }
            }
            if(P11==0)                              // 检测按键是否按下
            {
                Delayms(10);                        // 延时 10ms,消除按键抖动
                if(P11==0)                          // 继续检测按键是否按下
                {
                    while(!P11);                    // 检测按键是否松开
                    PWM_fengmingqi(10,music[0+count]); // 用按键控制蜂鸣器发声高低
                }
                Delayms(360);
            }
        else if(P12==0)
        {
            Delayms(10);
            if(P12==0)
            {
                while(!P12);
            PWM_fengmingqi(10,music[1+count]);
            }
            Delayms(360);
        }
        else if(P13==0)
        {   Delayms(10);
            if(P13==0)
            {
```

```
        while(!P13);
        PWM_fengmingqi(10,music[2+count]);
        }
        Delayms(360);
        }
        PWM_stop();
    }
}
```

C 语言程序编写完毕,接下来打开 Keil,通过 STC-ISP 导入到 Keil 的 C51 文件夹,新建工程时芯片选择 STC MCU Database 目录下 STC8A8K64S4A12 单片机,新建工程并加入 C 语言文件后,编写上述代码,或者直接打开附带的工程文件,完成后执行程序编译。

编译成功后将程序烧写到单片机上,观察程序执行结果。

基础任务

编写程序,实现电子钢琴。

拓展任务

1. 尝试做出七音钢琴。

2. 通过按键来播放歌曲。

功能拓展

添加按键,实现七音钢琴;其次通过按键设置模式,选择正常钢琴模式和选择歌曲模式;最后通过按动按键,可以让蜂鸣器直接播放歌曲,比如播放歌曲《生日快乐》。

14　家庭安全助手

14-1　家庭安全助手

　　在家庭日常生活中隐藏着很多看不见的危险。比如厨房,天然气和灶火的共存区域,就是危险的多发地带。本章节我们通过制作一个家庭安全小助手,当出现相关危险情况时,它会及时通知我们,从而达到预警的作用,让我们的家庭生活更加安全。

目标

- 认识家庭生活中的危险因素
- 完成思维导图绘制及简易警报装置

大自然的能量

大自然都存在哪些能量

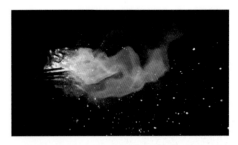

通过上面几幅图,我们会发现大自然中的能量以什么形式出现呢?

大自然具有极大的能量,这些能量会以不同的形式显示出来,比如风能、热能、水能、电能、声能等。

这些能量被人类加以利用,可以极大地帮助我们的工作和生活。但是能量运用的同时,也会给人们带来意想不到的危险情况。为什么这样推测呢?

能量的合理使用

列举一下你在家庭生活中都会用到哪些能量? 人们利用这些能量都可以完成什么样的工作,使用不当时它们又会产生什么样的危害呢? 接下来大家分组讨论并将各自的结论填写到表格中。

能量类型	可以完成的工作	产生的危害

安全生活

目前家庭安全事故的报道越来越多,其中包括火灾、煤气中毒、触电身亡甚至引发爆炸等,这些危险事故严重危害了人们的日常生活。

防范家庭安全隐患,杜绝危险事故发生,利用警报装置及时地提醒和预警是我们常用的手段。我们如何利用警报装置防止危险的产生呢?

设计一个简易警报装置

接下来我们开始设计一个多功能警报装置,它能够在危险发生时及时提醒我们,首先通过头脑风暴形成你的想法,然后绘制思维导图,最后完成简单警报功能。

任务

1. 完成思维导图的绘制。
2. 利用按键与蜂鸣器完成简易警报装置。

硬件连接示例

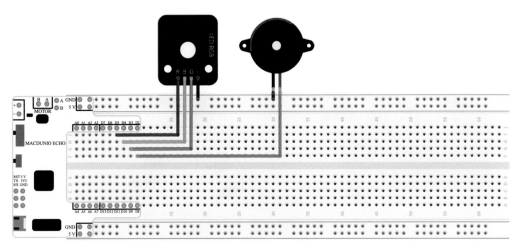

材料准备:核心控制器、面包板、1 个三色 LED 灯、1 个蜂鸣器、导线若干。

软件编写示例

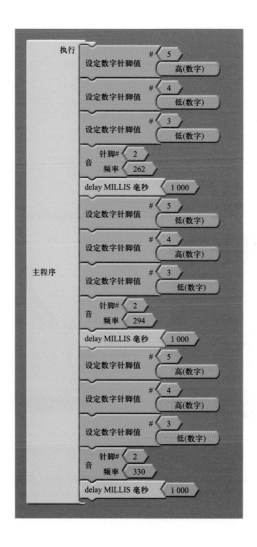

通过三色 LED 灯与蜂鸣器能够发出不同的光及声音,产生独特的警报信息效果。三色 LED 灯是由红绿蓝三种不同颜色的灯组合而成,控制每种灯开启或关闭可以实现 7 种不同颜色的光。蜂鸣器可以根据声音的频率大小,实现不同的音调效果。

示例程序中以三种色光配合音符 1、2、3 三个音符,实现了一组简单的报警效果。

14-2　火焰与红外线

"小来针眼大,大来满山坡,能过千山岭,不能过小河。"这就是火。对于火焰我们都非常熟悉,在生活中总会看到它的身影,但是火焰到底是什么物质呢? 我们又该怎样避免火灾事故呢? 接下来我们一起探究一下。

目标

■ 认识火与火焰
■ 掌握火焰传感器的使用方法

火与火焰

通常所说的火焰,是一种常见的物理现象。当燃料点燃后跟空气混合,会散发出光和热。火焰早在远古时代就被人们发现并加以使用,最早的生火方式是钻木取火。

钻木取火的历史故事来源于中国古代的神话传说。传说在一万年前,生活在古昆仑山上的一个族群,族中的智者一日看到有鸟啄燧木时产生火苗,受此启发发明了钻木取火,这个族群也因此被称为燧人氏族。

钻木取火是根据摩擦生热的原理产生的。木头材质粗糙,经过摩擦后,摩擦力较大会产生热量,热量积聚,温度达到木头的燃点,就会产生出火苗。

火焰的应用场所

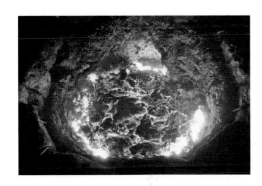

火的出现给人们的生活带来了极大的改善。人们借助火获取了能量,提高了人类在大自然中的生存能力。人们还慢慢学会了使用火对食物进行加工,烹饪美食。

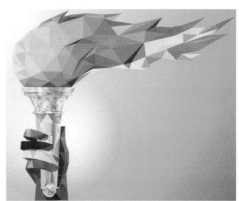

除了能够改善人们的日常生活,火慢慢成了一种象征,一种精神力量,人们在表演庆祝以及体育活动中也会经常用到火,比如生日时点蜡烛、奥运圣火的传递等。

火的能量巨大,它既可以被人们加以利用,改善生活,但是稍有操作不当也会引发火灾,造成重大的安全事故。因此快速检测到危险所在,进行及时处理非常有必要。

火焰的特点有哪些

将你观察到的火焰的特点记录在便签纸上,并进行小组讨论,集思广益,将大家的想法汇总到一起,最后每个组得出自己的结论。

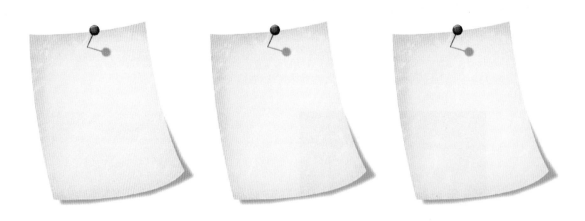

火焰有一个非常特殊的特点,它能够将自己的能量通过一种电磁波的形式发射出来,而这种电磁波人类一般看不到。地球上所有物体都会向外界环境散发出这种电磁波,也就是我们常说的红外线。火焰发出的红外线特别强烈。

如何才能准确检测到火焰的存在

我们不妨假设火焰的某个特点比较容易检测,并提出检测出某个特点的具体方法,看看谁的方法最可行。

特点	检测方法

 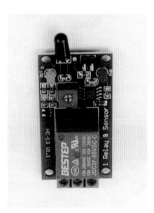

利用火焰传感器可以有效检测到红外线的强弱,与其他物体相比,火焰的红外线强度要大很多,因此火焰传感器对它特别敏感,很容易检测。

给警报装置添加失火警报功能

根据我们火焰检测方式的探究结果,设计一个有效的火焰检测装置,并将它与上节完成的警报装置结合起来。

任务

1. 检测到火焰后,控制蜂鸣器产生警报。
2. 产生警报时进行闪灯提示。

硬件连接示例

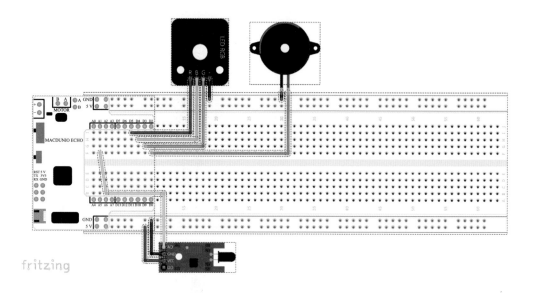

材料准备:核心控制器、面包板、1 个三色 LED 灯、1 个蜂鸣器、1 个火焰传感器、导线若干。

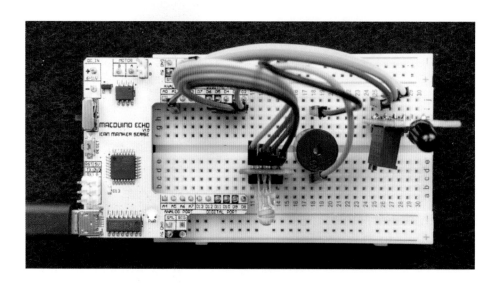

软件编写示例

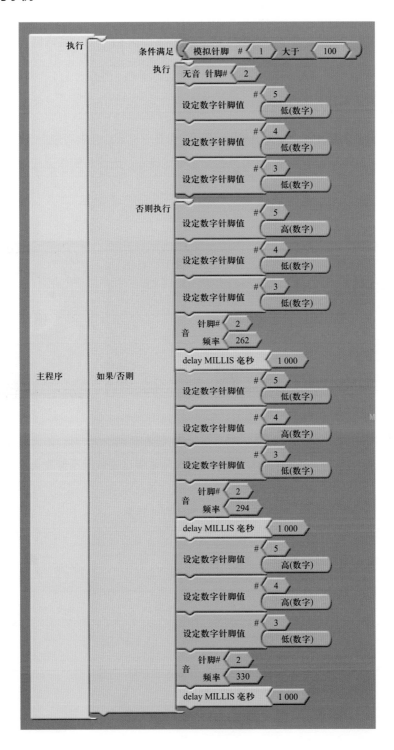

火焰传感器可以检测到红外线的强弱,首先利用串口显示模块观察火焰传感器获取的红外线强度数据,然后利用判断模块根据数据大小区分有无火焰。

有火焰时,控制灯和蜂鸣器执行警报信号,无火焰时关闭 LED 灯与蜂鸣器。

检测火焰时应该注意哪些问题

测试时,火焰报警器可以检测火焰并发出警报,但是在实际应用时可能因为各种原因导致检测不准确,比如安装的位置不合适、屋内存在杂物干扰等等。因此在制作完成后,还要对这些问题进行探究,保证检测火焰的有效性。

有效距离

火焰可以发出红外线,而红外线是一种不可见光,它和普通的光一样,如果距离越远,它就会越弱。因此我们要记录不同距离下的检测效果,这样就能保证安装时不会离火焰太远,使得检测失效。

记录下不同距离的探测效果,并确定火焰检测的有效距离。

穿透性

如果检测火焰时,检测器前方出现阻挡物体,是否也会影响检测效果呢? 多厚的物体能影响到火焰检测?

这是检测火焰时需要注意的另一个问题,我们可以利用不同厚度的纸板进行测试,看一看是否影响到火焰的探测。

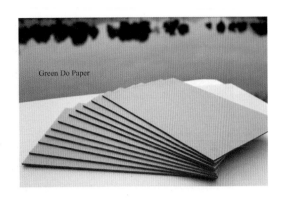

14-3 燃烧与气体

上一节我们介绍了火焰的特点及危险性,本节我们将了解另外一种重要的家庭安全隐患 —— 可燃气体泄漏。

目标

- 理解可燃气体的燃烧原理
- 掌握可燃气体检测传感器的使用

可燃性气体

火焰是由燃烧产生的,而实际上燃烧就是物体与空气中的氧气进行的快速放热和发光的化学反应,并以火焰的形式出现。

能够引发燃烧的物质就是可燃物。可燃物根据状态的不同可以分为固体可燃物、液体可燃物、气体可燃物。

常见的可燃物有木头、煤炭、纤维、酒精、天然气等。

不同的可燃物适用于不同的场合,其中可燃性气体(如煤气/天然气)具有重量轻、绿色环保、经济实惠、运输方便等显著的优点,所以现代家庭都采用燃气方式进行烹饪。

可燃性气体都有哪些特点

你知道可燃气体都有什么特点吗？将你知道的可燃气体的特点写出来。

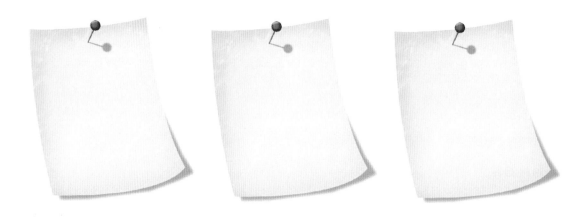

煤气/天然气的主要成分是甲烷、氢气以及一氧化碳,当它们在空气中的含量超过一定的程度,不仅非常容易引起爆炸、火灾等危险情况,还会对人们的身体健康造成危害,严重时会导致中毒、休克甚至死亡。

如何才能准确检测到可燃气体的存在

我们不妨假设可燃气体的某个特性比较容易检测,提出检测出某个特性的具体方法,并填写在下面的表格中。

特点	检测方法

利用可燃气体检测传感器,可以有效检测出室内可燃气体的含量。当可燃气体的含量超过一定标准,可以通过传感器立刻检测出来,产生报警信号,对人们起到警示作用。

实战练习

根据探究结果,设计一个有效的可燃性气体检测装置,并将它与上节完成的警报装置结合起来。

任务

1. 利用传感器检测可燃气体,并控制蜂鸣器产生警报音。

2. 产生警报时进行闪灯提示。

硬件连接示例

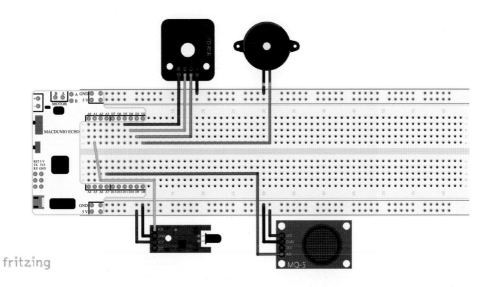

材料准备:核心控制器、面包板、1 个三色 LED 灯、1 个蜂鸣器、1 个火焰传感器、1 个可燃气体传感器、导线若干。

软件编写示例

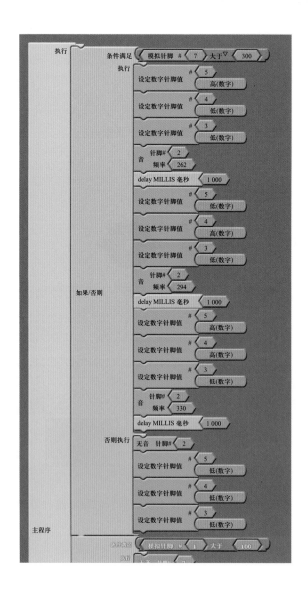

14 家庭安全助手

本节将在失火报警程序的基础上,添加可燃气体警报任务。同样,根据可燃气体传感器的测量值进行判断,如果含量过高,则发出相应的警报信号。

为了区别火灾以及可燃气泄漏,设计警报信息时应采取不同的方式。可以通过改变声音频率或指示灯颜色加以区分。

检测可燃性气体时应该注意哪些问题

不同的可燃性气体,其危险性也不同。气体比液体、固体更加容易扩散,在检测时,要对当前空气中的可燃气体做出准确判断,才能避免危险发生。

可燃气体的使用场所

列举出几种可燃性气体的使用场合,以及相关特性。

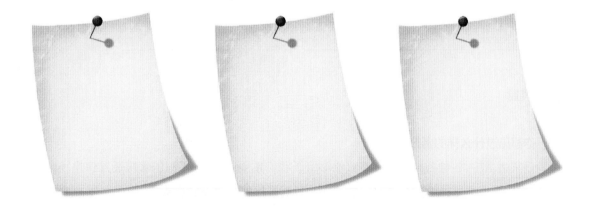

可燃性气体的扩散速度

选取某种可燃性气体,利用传感器在不同位置检测可燃气体的含量,看看不同距离下检测到的数据是否变化较快。最后根据检测结果,选取最合适的距离进行检测装置的安装。

气体名称	距离	变化速度

14-4 综合制作

通过检测火焰燃烧以及可燃性气体的含量,可以有效避免家庭生活中的危险情况发生,本节我们来制作一个综合的报警器,在发生危险情况时尽快发出警报提醒人们,保障家庭生活的安全。

目标

- 设计综合警报装置
- 完成制作与电路安装

警报装置

你都见过什么样的警报装置

日常生活中,各种各样的警报装置能够给予我们重要的提示,不同的警报装置使用场合不同,它的外形也不尽相同,在下面的方框内画出或者写出你见过的警报装置。

设计警报装置时一般会采用紧凑外观,这样不仅美观,还可以增加空间利用率。

家庭安全助手由哪几部分组成

家庭安全助手实际上是一种综合的警报装置,那么在设计它的外形时,它都有哪些部分组成呢?下面将自己的想法以及设计图写下来。

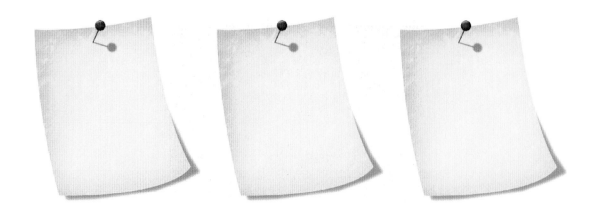

指示灯与扩音器

警报装置主要起到提示作用,通过声音或者光将警报信息传递给人们。因此在设计好外形之后,要考虑如何安放指示灯以及蜂鸣器,能够让光线及声音更好地传递。

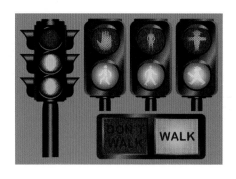

实战练习

根据警报装置外形设计的探索方法,设计并制作家庭安全小助手,并在制作过程中与自己的想法相结合。

任务

完成模型制作与安装。

外形制作示例

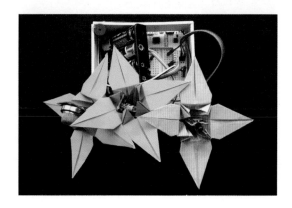

材料准备：PVC 板、卡纸。

工具准备：刻刀、剪刀、胶枪、铅笔。

外形制作步骤

准备好制作所需要的材料和工具，接下来就可以开工啦！根据下面的制作步骤将基本模型完成，制作的时候也可以加入自己的创意，使用各种材料让它变得更独特。

步骤 1：

挑选合适大小的 PVC 板，并画好分界线进行外壳制作。

步骤 2：

使用刻刀按照分割线将四周裁割开，注意右侧的小方块需要割空方便接线和打开开关。

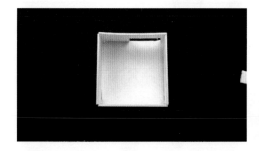

步骤 3：

将割好的 PVC 板用胶枪粘接起来，组成一个完成的盒子。

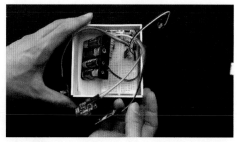

步骤 4：

将完整的电路板放置到盒子当中。

步骤 5：

制作纸模型花，用来安置传感器和蜂鸣器。模型花
的制作方法见下图。

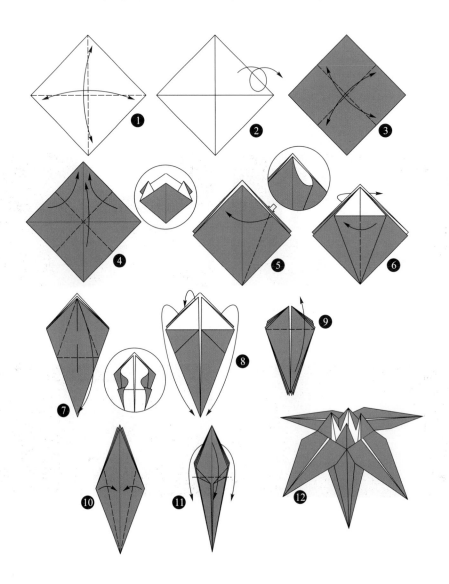

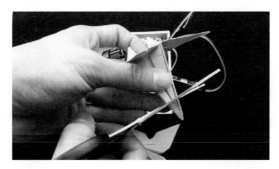

步骤6：

将完成的模型花的下部剪开，方便器件连线。这样安装好蜂鸣器和传感器后，整个外形制作就完成了。

14-5 单片机拓展提升

通过前面的学习，完成了一个用 Arduino 制作了家庭安全助手，接下来我们将通过 C 语言结合一款不同于 Arduino 的单片机来实现同样的制作。

目标

- 单片机使用功能
- C 语言程序实现
- 功能拓展

单片机使用功能

家庭安全助手制作选用单片机型号为 STC8A8K64S4A12，选用元器件是火焰传感器和可燃气体传感器，使用的单片机功能如下：

模数转换（ADC）功能——火焰传感器和可燃气体传感器

当火焰传感器检测到火焰时，AO 口输出模拟信号，单片机通过 ADC 模块进行采集并转换为数字信号；当可燃气体传感器检测到可燃气体时，AO 口输出模拟信号，单片机就可以通过 ADC 模块进行采集并转换为数字信号。

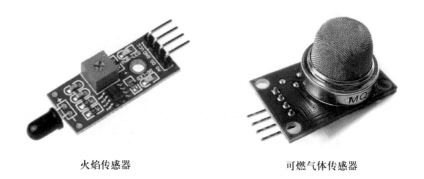

火焰传感器   可燃气体传感器

导图示例

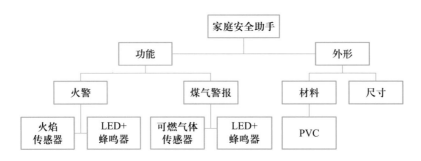

硬件连接

连接过程:火焰传感器和可燃气体传感器的 AO 引脚分别接单片机的 00 和 01 引脚,蜂鸣器接单片机的 10 引脚,多色 LED 灯接单片机的 P11,P12,P13 引脚。

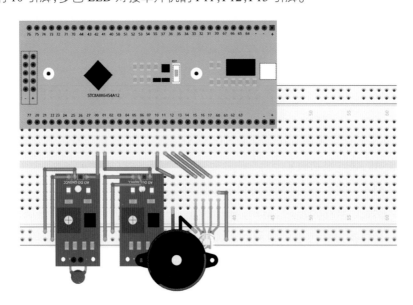

C 语言程序编写

根据系统设计思路,C 语言流程图如下所示:

程序开始,声明变量、单片机功能初始化。初始化结束后进入主程序,再进入循环,在循环中加入两个检测,第一个是火焰检测,通过火焰传感器采集的信息判断是否有火焰来控制报警,第二个检测是可燃气体检测,通过可燃气体传感器采集的信息判断是否有煤气泄漏来控制报警。

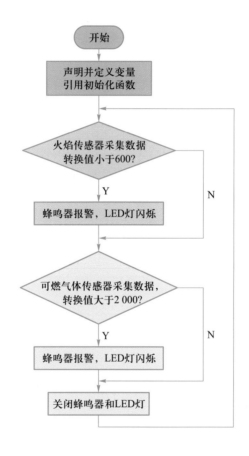

首先是时钟设置,必须执行,然后是单片机功能的初始化,接下来就进入循环,在循环中有两个如果模块,和 Arduino 程序一样,第一个如果是当火焰传感器经 ADC 转换的值小于某一设定值时,蜂鸣器响第一个音阶,并且三色灯按一定颜色亮,第二个如果是当可燃气体传感器经 ADC 转换后的值大于某个设定值时,蜂鸣器响第六个音阶。

```
#include "userhead.h"
int main()
{
```

```
setclock(0);                          // 单片机设置时钟,必须执行
ADC_init(0);                          // 初始化 ADC 模块,
                                      // 火焰传感器感受到火焰经 ADC 转换后的值变小

ADC_init(1);
PWM_Init(4096,0,0x0f);                // 初始化 PWM
while(1)
{
    if(ADC_read(0)<600)              // 若火焰传感器经 ADC 转换后的值小于某个数值
    {
        P11=1;                       //LED 灯点亮或者熄灭
        P12=0;
        P13=1;
        PWM_fengmingqi(10,262);      // 蜂鸣器报警
        Delayms(1000);
    }
    if(ADC_read(1)>2000)             // 若可燃气体传感器经 ADC 转换后的值大于某个数值
    {
        P11=1;                       //LED 灯点亮或者熄灭
        P12=1;
        P13=0;
        PWM_fengmingqi(10,440);      // 蜂鸣器报警
        Delayms(1000);
    }
        PWM_stop( );                 // 蜂鸣器不报警
        P11=0;
        P12=0;
        P13=0;
    }
}
```

编译成功后将程序烧写到单片机上,观察效果。

基础任务

编写程序,完成家庭安全助手。

拓展任务

1. 尝试添加检测传感器。
2. 尝试添加警报方式。

功能拓展

现在作品的功能已经实现，接下来拓展一下思维，让作品家庭安全助手在功能上变得更加智能，更加安全。

添加一个雨滴传感器，当家中的水龙头忘记关上和水管出现破裂时，会有水流出，这样我们就可以通过雨滴传感器来检测，并进行报警。

如果没人在家而出现了火灾或者煤气泄漏怎么办，我们可以添加一个联网模块，比如 Wi-Fi 模块，一旦出现情况可以直接给自己的手机发送信息或者拨打电话提醒自己。

15 智能温室

15-1 智能温室

视频 15.1 智能
温室

现代的温室大棚的种植优势早已显而易见,但是繁重的工作量也让农民不堪重负,如何让温室大棚实现自动化? 接下来让我们一起发动创新思维,去创造智能化的温室大棚吧!

目标

- 了解智慧农业
- 智能温室
- 头脑风暴及思维导图梳理

智慧农业

相信大家对于农业并不陌生,农业被称为第一产业,也是其他产业的根基。随着时代的发展与进步,农业也在不停地转型升级。从最开始的农耕时代,到后来的机械化作业,再到现在的智慧农业,农业的发展与科技的进步紧密相连。

智慧农业是农业生产的高级阶段,是充分应用现代信息技术的成果,集成应用了计算机与网络技术、物联网技术、音视频技术、无线通信等多种技术实现对农业生产的智能控制,使传统农业更具有"智慧"。

除了精准感知、控制与决策管理外,从广泛意义上讲,智慧农业还包括农业电子商务、食品溯源防伪、农业休闲旅游、农业信息服务等方面的内容。"智慧农业"与现代生物技术、种植技术等高新技术融合于一体,对建设世界级水平农业具有重要意义。

系统技术特点

智慧农业是物联网技术在现代农业领域的应用。

根据无线网络获取的植物生长环境信息,如监测土壤水分、土壤温度、空气温度、空气湿度、光照强度、植物养分含量等参数,其他参数也可以选配,如土壤中的 PH 值、电导率等。

信息收集、接收无线传感汇聚节点发来的数据、存储、显示和数据管理,实现所有基地测试点信息的获取、管理、动态显示和分析处理,以直观的图表和曲线的方式显示给用户。

根据以上各类信息的反馈对农业园区进行自动灌溉、降温、卷模、施肥、喷药等控制。

15-1　智能温室

思维拓展

德国的农业不仅生产效率高,而且具有可持续性。高技术设备的使用是以受过良好教育的专业技术人员为前提的,因此才使德国农业达到一个非常高的水平。同时,德国在大幅提高农业生产力的同时,坚实走生态农业的路子,使农业可持续发展。

智能温室

智能温室大棚的历史

温室大棚的起源最早可追溯到秦始皇时期,我国虽是温室栽培起源最早的国家,但在 20 世纪 60 年代,中国的温室行业始终徘徊在小规模、低水平、发展速度缓慢的状态。从 90 年代开始,中国温室农业才逐步向规模化、集约化和科学化方向发展,技术水平取得大幅度提高。

和普通大棚相比的优缺点

虽然智能温室大棚有诸多优点:改善农业生态环境、提高农业生产效率、转变农业生产结构等,但是一些亟需解决的问题仍然困扰着大多数人,一次性投资成本过高、生产效率提高之后的剩余劳动力如何安置等。

电路焊接方法

焊接是制造电子产品的重要环节之一,如果没有相应的工艺质量保证,任何一个设计精良的电子产品都难以达到设计要求。

1. 焊接操作的正确姿势:掌握正确的操作姿势,可以保证操作者的健康安全,减轻劳动伤害。

2. 焊锡丝的拿法:焊锡丝一般有两种拿法,下图给出了示范。由于焊锡丝中含有一定比例的铅,而铅是对人体有害的一种重金属,因此操作时应该戴手套,避免食入铅尘。

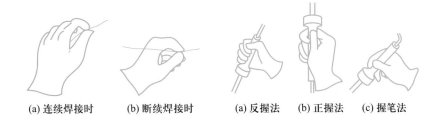

(a) 连续焊接时　　(b) 断续焊接时　　(a) 反握法　(b) 正握法　(c) 握笔法

3. 手工焊接操作的基本步骤：

① 准备施焊，左手拿焊锡丝，右手握住烙铁，要求烙铁头保持干净，无焊渣等氧化物，并在表面镀有一层焊锡。

② 加热焊件，烙铁头靠在两焊件的连接处，加热整个焊件体，时间大约 1~2 s。

③ 送入焊锡丝，焊件的连接处被加热到一定温度时，焊锡丝从烙铁对面接触焊件，注意：不要把焊锡丝送到烙铁头上。

④ 移开焊锡丝，当焊锡丝融化到一定程度时，立即向左上 45° 方向移开锡丝。

⑤ 移开烙铁，焊锡浸润焊盘和焊件的施焊部位以后，向右上 45° 方向移开烙铁，结束焊接。

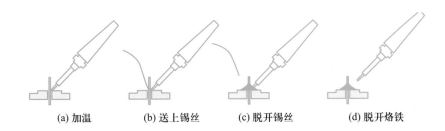

(a) 加温　　　(b) 送上锡丝　　　(c) 脱开锡丝　　　(d) 脱开烙铁

思维导图

根据智能温室的主题，首先进行头脑风暴，写出自己独特的想法，并把自己的想法通过创意分类表，将最有意义、最可行的想法挑选出来。

针对挑选出来的想法，进行进一步分析，哪些想法属于一类，需要什么步骤完成，在设计过程中需要什么样的材料，把想到的内容梳理起来，构建出自己的思维导图，并将思维导图绘制出来。

本节任务

基础任务

编写程序，控制电机转动。

拓展任务

根据自己的想法来控制电机转动。

硬件连接示例

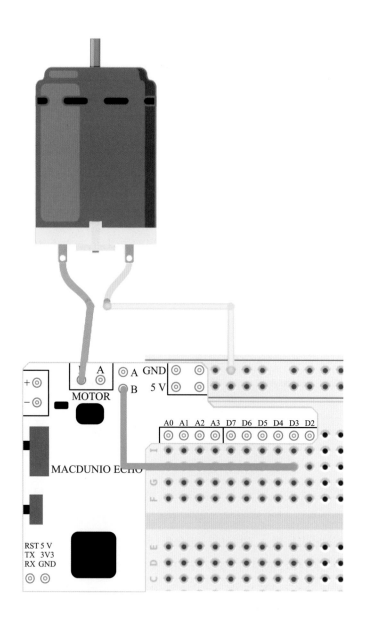

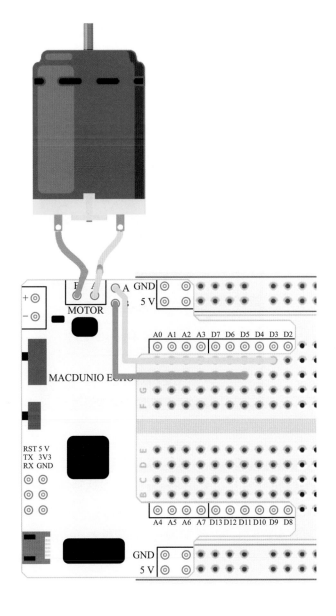

软件编写示例

控制电机有两种方式：

1. 电机的一端接 GND，另外一端接 A、B 任意的一个接口，然后把相应的针脚接芯片的 D3、D5、D6、D9、D10、D11 针脚；

2. 电机的两条线接 A、B 两个接口，然后把相对应的针脚接芯片的 D3、D5、D6、D9、D10、D11 的任意两个针脚。

如上图所示程序是电机一端接地,另一端通过接口 B 接 D3 针脚,这样电机只能朝着一个方向转动,数值越大,转动的速度越快。

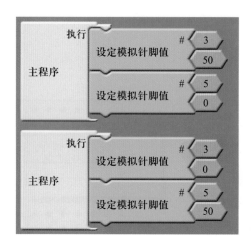

上图程序是电机的两条线通过 A、B 接口,接到 D3 和 D5 上,这两个程序针脚对应的数值正好是对称的,对应到转动的方向上也是正好相反的,所以这种接线方式可以通过改变程序的参数,进而实现对电机正反转的控制。

当一个针脚对应的值是 0 时,另一个针脚对应的值越大,电机转动速度越快。

15-2　传感与通信

　　在制作智能温室的过程中,如何去采集大棚的各种信息,又如何让信息及时传递到控制终端呢? 接下来我们学习一些新的传感器和执行器。

视频 15.2　传感
与通信

目标

- 温度传感器
- 蓝牙模块
- 硬件连接及程序编写

传感器

温度传感器

温度是表征物体冷热程度的物理量,是在各种生产过程中一个很重要而普遍的测量参数。温度的测量及控制能够对保证产品质量、提高生产效率、节约能源等方面起到非常重要的作用。

温度传感器是指能感受温度并转换成可用输出信号的设备。温度传感器按照材料及电子元器件特性分为热电阻和热电偶两类。热敏电阻分为正温度系数和负温度系数两种,它们在不同温度下表现出不同的电阻值,从而能够表征出温度的大小。

应用

蓝牙

在公元前 10 世纪,丹麦的国王是哈罗德·布美塔特(Harald Blatand),他骁勇善战,统治丹麦期间持续对外征战,统一了今天的挪威、瑞典和丹麦的广大北欧地区。

早年,哈洛德曾是北欧海盗精神的发扬者,当时北欧地区的主要信仰是奥丁神,即"战争之神"。传说,这位哈洛德国王特别喜欢吃蓝莓,有一颗牙齿被染成了永久性的蓝色,因此人们都叫他哈洛德·蓝牙国王。

1995 年，由爱立信公司主导，包括诺基亚、东芝和 IBM、英特尔计划成立一个行业协会，共同开发一种短距离无线连接技术。在给这项技术命名时，由于两个主导企业爱立信和诺基亚都是来自北欧的国家，在他们历史中哈洛德·蓝牙国王有实现统一、加强联系的含义。所以，他们最终决定以"蓝牙"为这项技术命名。

应用

实战练习：蓝牙通信

基础任务

1. 用串口工具查看温度传感器传回来的数据。

2. 使用蓝牙给手机发送一条消息。

拓展任务

利用温度传感器控制电机转动。

硬件连接示例

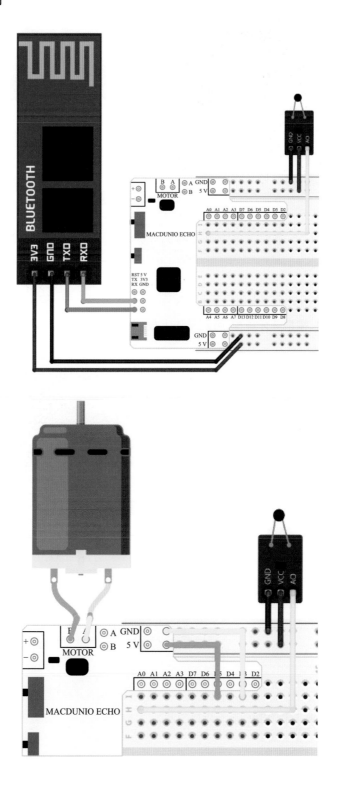

软件编写示例

温度传感器的信号接口连接 A0,通过串口可以查看传送回来的数据,每查看一次,延时 200 ms,无限循环。

上图程序块的作用是通过串口显示 iCAN 字符串,每显示一次,延时 1 000 ms。

(注:上载程序时,需把蓝牙拔掉,否则无法上载。)

上面的程序是利用温度传感器传回来的数据控制电机的转速,如果有的风扇旋转方向不对,可以调换一下两个针脚口对应的数值。

手机端操作详情

Android 手机需要下载 "SPP" 蓝牙串口工具。

蓝牙配对请求

设备
HC-05（6646）

通常为 0000 或 1234
◯ PIN 码由字母或符号组成
您可能还需要在另一设备上输入此
PIN 码。
配对之后，所配对的设备将可以在建立连接后
访问你的通讯录和通话记录。

| 取消 | 确定 |

在打开"SPP"之前需要先进行蓝牙配对，输入密码 0000 或 1234 即可。

配对成功后,打开"SPP",点击右上角的按键连接蓝牙,连接成功后会显示如下图片字样。

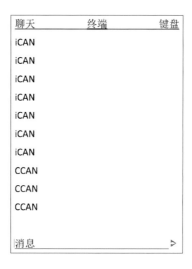

完成上述操作,就可看到屏幕上会不停地刷新 iCAN 的字样。

15-3 功能完善

熟悉了核心控制器的基本应用,掌握了各引脚的实际用法,并且学会了对各种传感器及通信设备的应用,接下来需要把智能温室的各项功能进行统一处理。

视频 15.3 功能
完善

目标

- 智能温室功能导图示例
- 实战练习
- 硬件连接及程序编写

智能温室功能示例

下面的思维导图是针对智能温室功能的一个示例,根据自己的想法为智能温室增加其他功能。

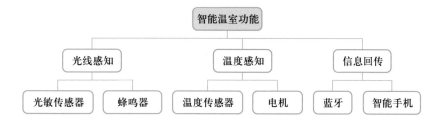

实战练习：功能完善

基础任务

1. 当光线超过某一值时让蜂鸣器发出声响。
2. 当温度达到某一值时，电机开启。随着温度的升高，电机转速变快。
3. 蓝牙传回传感器信息。

拓展任务

根据自己的创意为系统添加其他功能。

硬件连接示例

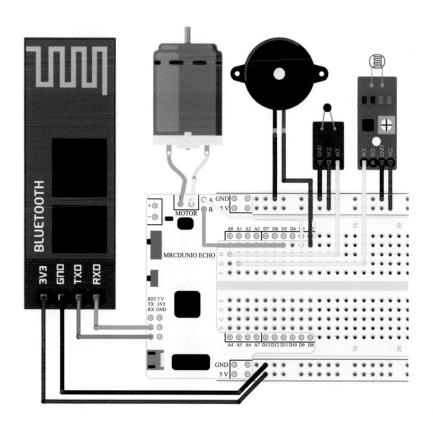

程序编写示例

A0 接温度传感器的数据线,所以模拟针脚 0 传回来的值就是实时的温度数值,当这个值小于等于 480 时,此条件成立。

513	441	511
514	442	510
514	444	509
514	451	502
515	443	479
515	450	473
515	437	467

上面的数据是通过串口观察到的温度传感器传回来的数值,第一个图是常温下的数值 (24℃),第二个图是温度升高以后的数值,第三幅图是常温变到高温的变化值。

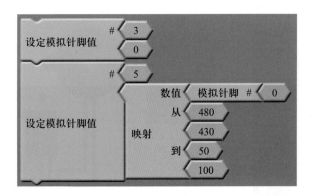

电机连接 D3 和 D5 针脚,把温度传感器传回的数值,从 480~430 映射到 50~100,由于温度传感器的数值和温度成反比,所以温度越高,值越小。480 和 430 是通过上面的实验数据分析得出的,480 是温度变化时的一个中间值,430 已经超过最高温度的设定值。

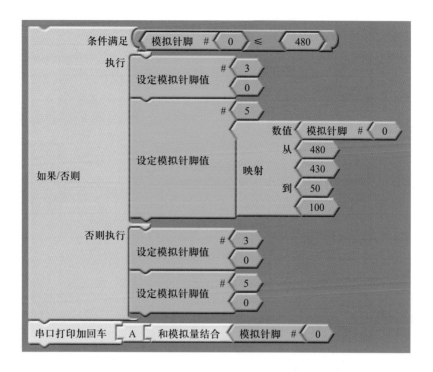

上面的程序是温度传感器控制电机,温度传感器达到 480 时,电机开启。随着温度的升高,电机的速度变快。下面串口程序的作用是通过蓝牙给手机发送温度传感器的实时数据。

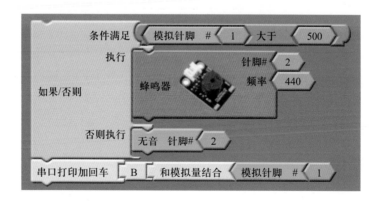

如上图所示程序是光敏传感器控制蜂鸣器,当光敏传感器传回来的数据大于 500,就让蜂鸣器发出声音,否则不响。无音模块实现蜂鸣器静音,下面的串口程序同样是通过蓝牙给手机发送光敏传感器数据。

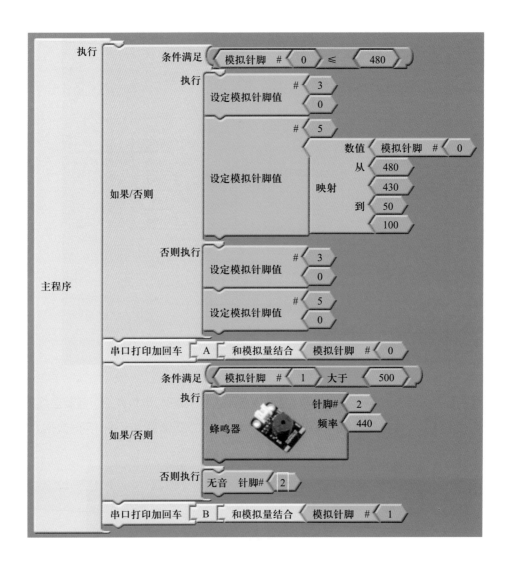

15-4 外观制作

视频 15.4 外观
制作

完成了智能温室的基本功能,接下来要把智能温室外观部分设计并构建出来,然后安装传感器及执行机构。

目标

■ 外形设计
■ 实战操作
■ 硬件连接及程序编写

外形设计

首先要保证各种传感器以及执行机构的安装位置合适且牢固,另外还要考虑智能温室的美观、合理通风、采光等因素。

优秀的外形设计案例

三角形具有稳定性,用三角支架结构来制作大棚可以提高大棚的稳定性。

在大棚外面加装太阳能电池板,可以充分利用太阳能发电,从而节省电能。

 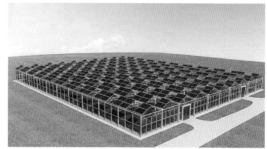

实战练习:智能温室外观制作

基础任务

1. 完成大棚外观制作。
2. 将功能部分的器件安装到大棚上。

拓展任务

根据自己的创意来完善作品。

外观制作示例

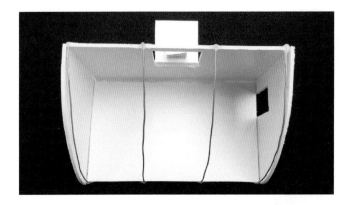

外观整体效果,使用材料是 PVC 板和细铁丝。底板尺寸是 11 cm*18 cm,墙体板是 10 cm*18 cm。

大棚墙体中间剪切一个 4 cm*4 cm 的正方形孔,并把裁下来的小板用胶枪固定在正方形底部,用来支撑排风扇。

两侧的扇形墙体的半径是 11.5 cm。

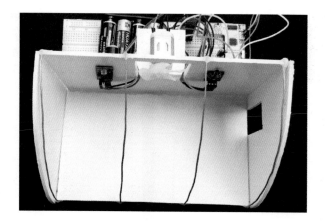

安装所有器件,整体效果图如下。

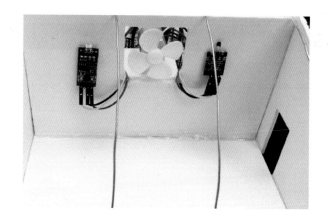

排气扇、光敏传感器和温度传感器的安装位置。

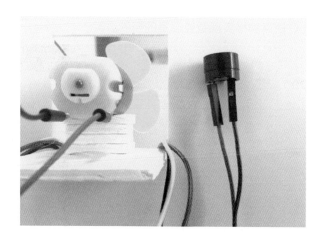

蜂鸣器的安装位置。

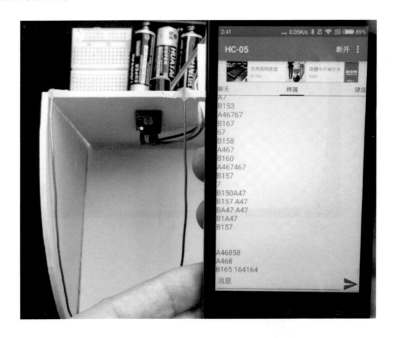

通过蓝牙,把信息传递给手机,字母 A 后是温度传感器传回来的数据,B 后面是光敏传感器的数据。

15-5　单片机拓展提升

前面通过 Arduino 图形化编程实现了智能温室的热源温度传感器、光敏传感器、直流电机、有源蜂鸣器及蓝牙模块控制,本节将在单片机控制的基础上通过 C 语言编程实现智能温室的控制。

视频 15.5　智能温室单片机 C 语言

目标

■ 单片机硬件电路实现

■ C 语言程序实现

■ 实现智能温室

单片机使用功能

本次选用单片机型号为STC8A8K64S4A12,选用元器件有热源传感器、光敏传感器、直流电机、有源蜂鸣器及蓝牙模块,使用的单片机功能如下所示:

1. 基本输入输出(IO)功能——有源蜂鸣器。
2. 模数转换(ADC)功能——热源温度传感器、光敏传感器。
3. 脉冲波形发生器(PWM)功能——直流电机。
4. 串口通信(UART)功——蓝牙。

基本输入输出(IO)功能、模数转换(ADC)功能、脉冲波形发生器(PWM)功能在之前已经提及,不再赘述。蓝牙模块连接到单片机上后,可使单片机具有无线通信的功能。

蓝牙模块

蓝牙模块可以连接到单片机的串口上,使得单片机具有无线通信的功能,这里我们选用的蓝牙型号为 HC-08。HC-08 蓝牙串口通信模块是新一代的基于 Bluetooth Specification V4.0 BLE 蓝牙协议的数传模块。无线工作频段为 2.4 GHz ISM,调制方式是 GFSK。模块最大发射功率为 4 dBm,接收灵敏度 -93 dBm,空旷环境下和手机可以实现 80 m 超远距离通信。

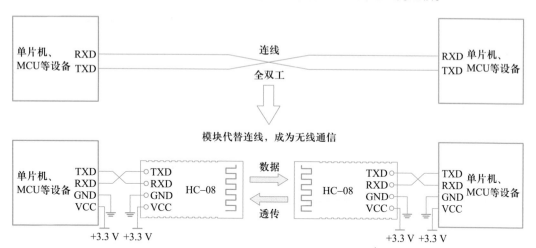

硬件连接

连接过程:直流电机的一端接单片机的 20 端口,另一端接地,有源蜂鸣器正极接单片机 21 端口,负极接地,热源温度传感器 A0 口接单片机 00 引脚,光敏传感器 A0 口接单片机 01 引脚,蓝牙模块 TXD 引脚接单片机 30 引脚,RXD 引脚接单片机 31 引脚,蓝牙模块、光敏传感器、热源温度传感器的 VCC 接单片机电源的正极,GND 接单片机电源的负极。

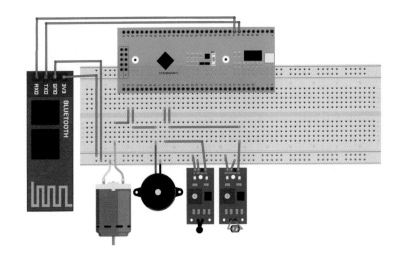

C 语言程序编写

根据系统设计思路,C 语言流程图如下所示:

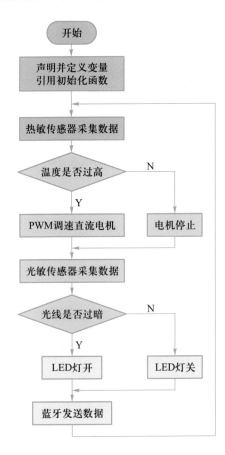

15 智能温室

在程序的开始需要考虑变量的声明、单片机功能的初始化,初始化结束后进入主程序,在主程序中分别检测热源温度传感器与光敏传感器的值,通过热源温度传感器控制直流电机,光敏传感器控制有源蜂鸣器,随后将两个传感器采集到的值通过蓝牙发送。

先调用基本的头文件,进入主程序,初始化直流电机调速的 PWM 功能,初始化 00、01 引脚为 ADC 功能读取温度传感与光敏传感器的采集值,初始化串口模块、选择第 0 组引脚、设置波特率为 9 600,初始化结束,进入主循环。

在主循环中,采集 00 端口的温度传感器的值控制直流电机,然后通过串口传输 00 端口的采集值,再采集 01 端口的光敏传感器的采集值控制蜂鸣器,随后将 01 端口的采集值也通过串口发送,主循环、主程序结束。

程序代码实现如下:

```
#include "userhead.h"
int main( )
{
  PWM_Init(4100,0,0x0f);              //PWM 初始化
  ADC_init(00);                       //ADC 初始化
  ADC_init(01);
  UART_init(1,0,9600);                // 串口初始化
  while(1)
  {
      if(ADC_read(00)>1000)           // 温度传感器控制电机
      {
         PWM_set(20,ADC_read(00));
         PWM_start( );
      }
      else{
         PWM_set(20,0);
         PWM_start( );
      }
      uart_sendnum(1,ADC_read(00));   // 发送 00 的读取值
      if(ADC_read(01)<2000)           // 光敏传感器控制蜂鸣器
      {
          P21=1;
```

```
        }
        else{
            P21=0;
        }
        uart_sendnum(1,ADC_read(01));    // 发送 01 的读取值
    }
}
```

通过 STC-ISP 将 "keil 仿真设置" 下 "添加型号和头文件到 keil 中" 把 ATC8A8K64S4A12 的头文件导入到 Keil 的 C51 文件夹上,打开 Keil,新建工程时芯片选择 STC MCU Database 目录下 STC8A8K64S4A12 单片机,新建并加入 C 语言文件后,将代码复制到程序中,或者直接打开附带的工程文件。完成后进行程序编译。

编译成功后将程序烧写到单片机上,观察效果。

基础任务

编写程序,实现智能温室。

拓展任务

1. 尝试添加以前学过的器件,如密码锁控制舵机达到开门的效果。

2. 尝试拓展功能。

功能拓展

基于单片机控制的智能温室已经完成,现在可以尝试对它进行参数调整了。

尝试将以前做过的作品功能与智能温室结合,例如将聪明的百叶窗结合,使得智能温室可以自动地开窗,结合开放式社区,给智能温室添加一道安全的守护。拓展更多功能,让智能温室更加智能。

附录　软件及硬件使用说明

附录1　软件开发环境安装说明

软件介绍

Arduino IDE 是 Arduino 产品的软件编辑环境。简单地说就是用来写代码,下载代码的软件平台。任何的 Arduino 产品都需要下载代码后才能运作。我们所搭建的硬件电路是用来实现代码功能的部分,两者缺一不可。如同人通过大脑来控制肢体活动是一个道理。如果代码就是大脑的话,外围硬件就是肢体,肢体的活动取决于大脑,所以硬件实现取决于代码。

Arduino IDE 是一款专业的 Arduino 开发工具,主要用于 Arduino 程序的编写和开发,拥有开放源代码的电路图设计、支持 ISP 在线烧,同时支持 Flash、Max/Msp、VVVV、PD、C、Processing 等多种程序兼容的特点。

Arduino IDE 特色

1. 开放源代码的电路图设计,程序开发接口免费下载,也可依需求自己修改。

2. 使用低价格的微处理控制器(AVR 系列控制器),可以采用 USB 接口供电,不需外接电源,也可以使用外部 9VDC 输入。

3. Arduino 支持 ISP 在线烧,可以将新的"bootloader"固件烧入 AVR 芯片。有了 bootloader 之后,可以通过串口或者 USB to Rs232 线更新固件。

4. 可依据官方提供的 Eagle 格式 PCB 和 SCH 电路图简化 Arduino 模组,完成独立运作的微处理控制;可简单地与传感器、各式各样的电子元件连接(例如:红外线、超音波、热敏电阻、光敏电阻、伺服马达等)

5. 支持多种互动程序,如:Flash、Max/Msp、VVVV、PD、C、Processing 等。

6. 应用方面,利用 Arduino,突破以往只能使用鼠标、键盘、CCD 等输入的装置的互动内容,可以更简单地达成单人或多人游戏互动。

安装步骤

步骤一

首先把"Macduino 驱动、软件安装"文件进行解压,然后安装位于"1、CH340T 驱动"文件夹下的驱动"CH341SerSetup_5Lg"。

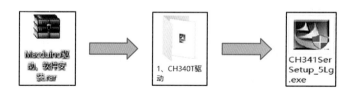

步骤二

然后解压位于"2、arduino IDE"文件夹下的"arduino-1.6.7-fix"。然后能够得到"arduino-1.6.7-fix"文件夹,然后将文件夹放在任意英文目录下使用。(建议放在非系统盘根目录下,如"E:\arduino-1.6.7")

步骤三

打开"3、图形化编程"文件夹将文件夹下的"Arduino"文件夹覆盖到以下路径:

XP 系统:打开"我的文档",将"Arduino"文件夹复制到此处,若提示文件重复则覆盖。

Win7、8、10:打开"计算机",将"Arduino"文件夹复制到"文档"下,若提示文件重复则覆盖。(Mac OS 或 Linux 系统请联系客服)

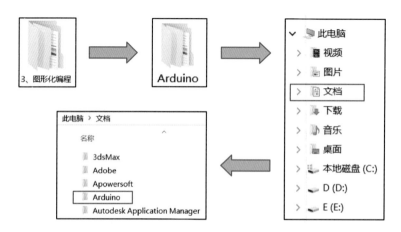

步骤四

使用"MICRO-USB"数据线将 ECHO 控制器链接到电脑上,右键"我的电脑"→"管理"→"设备管理器",查看设备串口号。

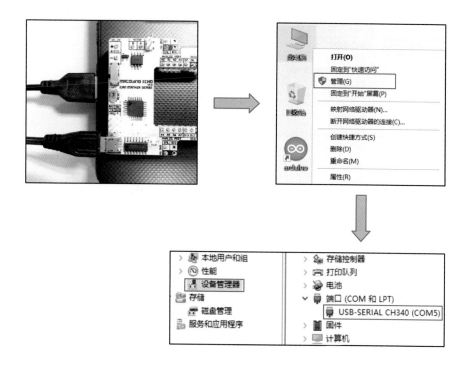

步骤五

进入步骤 2 解压的文件夹中,打开"arduino.exe",然后在菜单栏中选择"工具"→"端口",选择与步骤 4 中对应的端口,"开发板"选择"Arduino/Genuino UNO"。

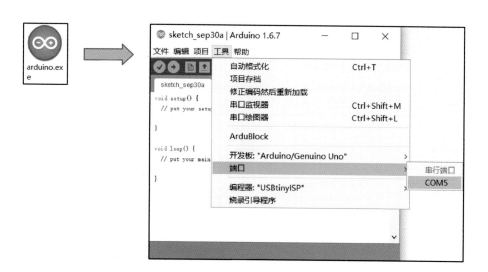

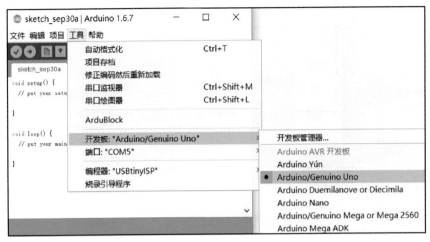

步骤六

按图示打开"Blink"例程,然后弹出"Blink"对话框,点击"上传"测试程序,上传成功后看到"上传成功"提示。成功后观察 ECHO 控制器的 D13(白色 LED 灯)会 1 s 闪烁一次。

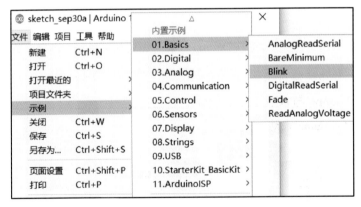

　　　　　　　　　　　　　　　　　　　　　　　附录　软件及硬件使用说明

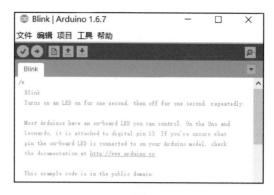

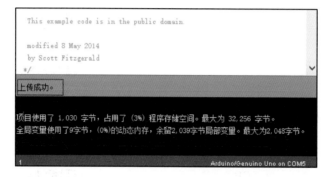

附录 2　Arduino 板选择

　　现在市场上有很多类型的 Arduino，但这些 Arduino 只是形状上不同，其功能大致相同，这里选取市面上一款 Arduino 与本书所使用的 Arduino 进行比较，来帮助大家在学习本书的同时，能够很好地选择一款 Arduino 来动手实践。

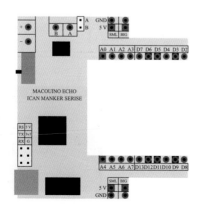

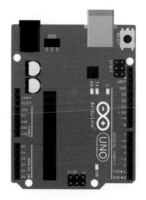

如上页图所示,左图是本书所使用的 Arduino,右图是一款常见的 Arduino,它们的型号都是 Arduino Uno;左图的电路板为 5V 和 GND,并有数字接口 D2~D13 和模拟接口 A0~A7,其复用接口为 D3、D5、D6、D9、D10、D11。右图电路板有模拟接口 A0~A5,其右侧一列数字 0~13 即数字接口 D0~D13,它的复用接口与左面的电路板相同,同时也有 5V 和 GND。这两种电路板还有其他一些引脚,这些将在后续课程中介绍。由此,可以看到两块电路板的引脚以及功能大体一致,所以其使用方法也基本一样。

注意:烧写程序的接口型号上可能不一样,即所用数据线可能不同。

下面来看一下如何调整 Arduino 的烧写设置,首先选择 Arduino 的型号:

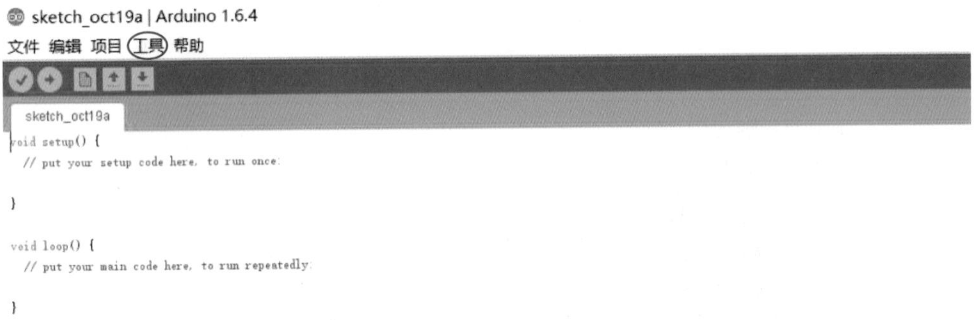

1. 首先在我们所使用的编程主界面中选择工具一栏。

2. 在工具一栏中选择第六个模块板子型号,此处选择 Arduino Uno 型号。

选择对应型号才能保证 Arduino 正确识别上载程序,由于两块电路板的型号都是 Arduino Uno,所以其编程方式也相同,只要选对引脚,程序可以通用。

无论选择哪一种 Arduino 板,使用时只要型号选择正确,编程时引脚选择和连接正确,都可以动手实践学习本书。

附录 3　常用电子元器件清单

LED 灯(发光二极管)		
功能	发光	
传递方向	输出	
传递类型	数字	
针脚	1. 正极　2. 负极	
对应接口	1. D 口　2. GND	

LED 灯带

功能	发光	
传递方向	输出	
传递类型	数字	
针脚	1. 正极　2. 负极	
对应接口	1. D 口　2. GND	

按键

功能	控制作用	
传递方向	输入	
传递类型	数字	
针脚	1、2 为针脚 A 3、4 为针脚 B	
对应接口	1. D 口　2. GND 针脚 A 选一个接 D 口 针脚 B 选一个接 GND	

蜂鸣器

功能	发声	
传递方向	输出	
传递类型	数字	
针脚	1. 正极　2. 负极	
对应接口	1. D 口　2. GND	

电阻

功能	分压 (阻碍电流)	
针脚	左右无需区分	
对应接口	两端分别接入电路	

旋钮

功能	控制信号	
传递方向	输入	
传递类型	模拟	
针脚	1. 左　2. 中　3. 右	
对应接口	1. VCC　2. A 口　3. GND	

光敏传感器

功能	检测光线强度
传递方向	输入
传递类型	模拟 / 数字
针脚	1. AO　2. DO　3. VCC　4. GND
对应接口	1. A 口　2. D 口　3. VCC　4. GND

热敏传感器

功能	检测温度
传递方向	输入
传递类型	模拟
针脚	1. DC　2. GND　3. VCC
对应接口	1. D 口　2. GND　3. VCC

水位传感器

功能	检测水位及雨滴
传递方向	输入
传递类型	模拟
针脚	1. −　2. +　3. S
对应接口	1. GND　2. VCC

超声波传感器

功能	检测距离
传递方向	输入
传递类型	模拟
针脚	1. VCC　2. Trig　3. Echo　4. GND
对应接口	1. VCC　2. D 口　3. D 口　4. GND

蓝牙通信模块

功能	无线传输信号
传递方向	双向
传递类型	数字
针脚	1. RXD　2. TXD　3. GND　4. VCC
对应接口	1. TXD　2. RXD　3. GND　4. VCC

电机

功能	控制旋转
传递方向	输出
传递类型	模拟
针脚	1. A 口 2. B 口
对应接口	1. 特殊 D 口 2. 特殊 D 口

伺服电机(舵机)

功能	精确控制角度
传递方向	输出
传递类型	模拟
针脚	1. 褐色 2. 红色 3. 橙色
对应接口	1. GND 2. VCC 3. 特殊 D 口

注:D 口为控制器针脚 D2~D13;A 口为控制器针脚 A0~A7
特殊 D 口为控制器针脚 D3、D5、D6、D9、D10、D11